하루 15분 초등 책 읽기의 기적

하루 15분 초등 책 읽기의 기적

공부력과 문해력을 키워주는 7가지 독서 습관

수전 짐머만·크리스 허친스 지음

서현정 옮김 | 조월례 추천

더블북

항상 우리 아이들에게 책을 읽어 주고
재미있는 이야기를 들려주는 남편 폴에게 이 책을 바친다.
– 수전 짐머만

내가 이 책을 쓸 수 있다고 믿어 주고
사랑을 베풀어 준 남편 스티브에게 이 책을 바친다.
– 크리스 허친스

일러두기

1. 본문에 소개된 참고도서 목록은 우리나라 독자들을 위해 前 어린이도서연구회의 조월례 이사님에게 추천받아 국내에서 출간된 도서들로 대체했습니다.
2. 국내에서 번역 출간된 도서명의 원어 표기는 생략했습니다.
3. 본문에서 언급하고 있는 외서 중 국내에 이미 출간된 도서인 경우, 번역된 제목으로 표기 했습니다.

나는 글자의 모양을 좋아한다

뜨겁게 달궈진 검정 냄비 바닥에서
팝콘이 퉁퉁 튀어
내 입으로 쏙.
하얀 종이 위에서
검정 글자가 퉁퉁 튀어
내 눈으로 쏙. 내 머리로 쏙.
입과 혀가 버터 바른 팝콘을
오물오물 씹어 먹듯이
내 머리도 글자를
오물오물 씹어 먹는다.

팝콘을 먹고 나면
손가락에 버터 냄새가 남듯이
책을 읽고 나면
내 머리에 글자가 남는다.

나는 책이 좋고 글자의 모양이 좋고
머릿속에 뛰어다니는 생각의 무게가 좋다.
나는 내 머리를 가로지르는
새로운 생각의 흐름을 사랑한다.

– 마야 안젤루

차례

제1장 **독서는 평생의 친구**

제2장 **머릿속에 이미지 떠올리기**

● 독서 습관 1 : 감각 이미지를 떠올려라

제3장 연결 고리 만들기

제4장 육하원칙에 따라 질문하며 읽기

제5장　글의 숨은 의미 찾기

제6장　무엇이 중요한가, 왜 중요한가

제7장 책의 내용을 좀 더 깊게 이해하기

제8장 눈에 보이는 요소와 보이지 않는 요소

이 책에 쏟아진 찬사들

"자녀의 독서 능력을 걱정하는 부모라면 누구나 읽어야 하는 필독서이다. 이 책에 나오는 저자들의 제안을 따르기만 하면 아이가 독서하는 데 자신감을 얻을 수 있을 뿐만 아니라 독서를 즐기게 될 것이다. 학교와 인생에서 성공하는 아이로 기를 수 있는 비법이 바로 이 책에 있다."

－ 존 스기야마, 교장(캘리포니아 주 더블린 연합 학교)

"이 책은 우리가 그토록 찾아 헤매던 보물이다. 이 책을 통해 학부모는 자녀의 학습능력 향상을 도울 수 있고, 교사는 학생의 창의적인 사고력을 길러 줄 수 있으며, 아이가 자기 자신을 신뢰할 수 있도록 이끌어 줄 수 있다. 이 책에는 모든 아이들을 성공으로 인도하는 힘이 담겨 있다. 우리 아이들을 열심히 읽고 공부하고 생각할 줄 아는 사람으로 키우는 방법이 이 책에 숨어 있다."

－ 레슬리 니볼리 스킬, 초등학교 교사(뉴햄프셔 주 뉴포트)

"읽고 쓰기 학습의 '진짜 비밀'을 알려 주는 획기적인 책이다. 이 책은 책을 좋아하고 잘 읽는 아이로 키우려면 학부모와 교사가 하나가 되어야 한다고 주장한다. 또한 흥미로운 일화, 사례, 인용문, 은유 등을 통해 독서 능력을 향상시킬 수 있는 비법들을 이해하기 쉽게 풀어 놓았다."

－ 엔 플레처, 독서 지도사(워싱턴 주 메이플 밸리)

"나는 초등학교 교육자로서 스포츠 경기를 보는 것처럼 신나게 독서를 즐길 수 있는 단체를 만드는 것이 꿈이었다. 이 책은 이런 내 꿈에 한발 다가서게 하였다. 이 책에서는 교사와 학부모를 하나로 묶어 우리 아이들을 책 읽기 좋아하고 배움을 즐기는 사람으로 키우는 방법을 소개한다."

– 베스 피어리, 교감 (조지아 주 메리타)

"멋진 책이다! 이 책에 소개된 7가지 독서 습관을 활용한 덕에 우리 가족은 단순히 글자만 읽는 단계에서 벗어나 이제는 책을 우리 자신의 한 부분처럼 여기게 되었다. 7가지 독서 습관 덕분에 우리는 많은 대화를 하게 되었고, 책을 읽은 후에 더 많은 내용을 기억할 수 있게 되었다. 생각의 폭도 넓어졌고, 호기심도 더 많아졌다. 이 책에는 독서가 지겨운 숙제라는 잘못된 생각을 바로잡아 주고 학부모, 교사, 아이의 관계를 새로 정립할 수 있는 실용적인 제안들이 가득하다."

– 마거릿 토레스, 학부모(콜로라도 주 덴버)

"이 책은 아이의 이해력을 돕고 독서를 좋아하도록 만들 수 있는 쉽고 확실한 비법을 소개한다. '아이에게 언어의 영양분을 뿌려 주어라'부터 '질문하라' '중요한 것을 결정하라'에 이르기까지 아이의 독서 능력 향상을 위해 학부모가 해야 할 많은 역할들을 배울 수 있는 책이다."

– 린다 픽큰포, 언어 지도사(오하이오 주 뉴워크)

"이 책은 읽기도 쉽고 실천하기도 쉽다. 나는 글을 읽을 줄 아는 자녀를 둔 친구들한테 이 책을 선물해서 놀라운 경험을 하게 할 생각이다. 이제는 내 아이들의 학습에 더욱 깊이 관여하고 있다는 자부심이 생겼고 아이들이 책을 읽고 이해하는 모습을 지켜보는 것은 그 무엇과도 바꿀 수 없는 기쁨이다."

– 미셸 스트라발라, 학부모(콜로라도 주 파커)

어린이 독서 습관, 평생을 좌우한다

어른들은 아이들이 책을 즐겨 읽기를 원한다. 하지만 방법을 모른다. 알더라도 학교 공부에 치여 실천하지 못하기도 한다. 이 책은 독서의 중요성, 독서의 의미, 온몸을 활용한 효과적인 독서 교육 방법, 적절한 책을 제시하는 것까지 우리나라 부모들의 총체적 고민을 해결할 수 있는 길을 제시하는 책이다.

다시 말해, 책을 읽고 이미지를 떠올리고, 배경지식을 활용할 뿐 아니라, 질문하는 방법과 추리하고 중요한 것을 찾아내며 정보를 종합하는 능력까지 키울 수 있도록 체계적인 전략을 제시한다. 나아가 각 장별로 아이들에게 건네는 책을 소개하고, 가정에서, 학교에서 어른들과 아이들과 함께 할 수 있는 의미 있는 독서 활동 방법을 제시한다.

함께 책을 읽고 함께 이야기하고 함께 활동을 하면서 아이와 함께 즐기다 보면 자연스럽게 독서 습관이 몸에 밸 것이다. 이 경험은 아이가 평생 책을 가까이하는 사람으로 성장하도록 돕는 바탕이 될 것이다.

조월례
아동도서평론가
前 (사)어린이도서연구회 이사

제 1 장

독서는 평생의 친구

독서는 인간 정신이 수행해야 할 가장 소중한 노력이며
어려서부터 기울여야 하는 노력이다.

– 존 스타인벡

　한 남자가 특별한 대나무를 기르기로 결심했다. 남자는 마당으로 나가 가로세로 6미터가 되게 땅 크기를 재고는, 며칠에 걸쳐 가장자리에 경계 표시를 쌓았다. 남자는 아침마다 밥을 먹기 전 땅을 파 내려가 덩어리진 흙을 깨고, 가늘게 채 치고, 거름을 뿌려 땅을 기름지게 만든 다음, 정성스럽게 대나무를 심고 흙을 덮은 후 개울에서 물을 길어 왔다. 그리고 대나무 밭에 있는 잡초를 뽑고 물을 주었다. 날마다 그렇게 했다.

　그런데 1년이 지나도 대나무 싹은 트지 않았다. 남자가 날마다 정성을 들이는 것을 지켜본 이웃 사람이 다가와 물었다.

　"아무것도 자라지 않는 밭에서 왜 이런 고생을 하십니까?"

　그러자 남자는 "시간이 필요합니다"라고 말했다.

그다음 해에도 남자는 똑같이 했다. 새벽마다 개울에 가서 물을 길어 와 대나무 밭에 정성껏 물을 주었다. 그러나 또다시 한 해가 저물어 가는데도 대나무 싹은 트지 않았다. 이웃 사람이 다시 물었다.

"왜 이런 일에 시간을 낭비하십니까? 제가 좋은 씨앗을 드리겠습니다."

이번에도 남자는 "시간이 필요합니다"라는 말만 되풀이했다.

3년째 되는 해, 남자는 짐승들이 들어가지 못하게 대나무 밭 주위에 낮은 울타리를 세웠다. 그리고 아침마다 개울로 가서 물을 길어 와 대나무 밭에 주었다. 남자는 하루도 빠지지 않고 정성스럽게 대나무 밭을 가꿨다. 그러나 여전히 대나무 싹이 트지 않자, 이웃 사람이 또 이렇게 물었다.

"이해가 가지 않네요. 왜 불가능한 일을 계속합니까?"

남자는 아무렇지 않은 듯 대답했다.

"시간이 필요합니다."

그리고 3주 후, 드디어 작지만 파란 새싹이 흙을 뚫고 솟아났다. 대나무는 쑥쑥 자라 6주 후엔 무려 18미터나 자랐다.

눈 깜짝할 사이에 모든 것이 변하고, 핵심만 말해야 하고, 텔레비전에서 잠깐만 침묵이 이어져도 '방송 사고'가 났다고 야단이고, 멀티태스킹을 삶의 표준처럼 떠받드는 요즘 같은 세상에 시간이 필요하다는 말은 누구도 귀담아듣지 않을 말이다. 하지만 앞의 이야기에서 알 수 있듯이, 아무 일도 일어나지 않은 그 많은 시간 동안 사실은 아주 중요한 일이 벌어지고 있었던 것이다. 정성껏 물을 주고 돌봐 준 것뿐인데 대나무는 미래를 위해 크고 굵은 뿌리를 좀 더 멀리, 좀 더 넓게 뻗어 나가고 있었다. 그 오랜 시간 동안 남자가 기울인 정성, 그리고 남자가 뿌려 준 물이 대나무를 쑥쑥 자라게 만든 것이다.

책 읽기를 좋아하는 아이로 키우는 데도 대나무를 기르는 정성이 필요하다. 아이와 대화하고 아이와 함께 책을 읽으면서 언어라는 영양분을 뿌려 주어야 한다. 그것은 많은 시간이 필요하지 않다. 다만 매일 매일 조금씩, 언어의 영양분을 꾸준하게 뿌려 주어야 한다는 점을 잊어서는 안 된다.

책 읽기 좋아하는 아이로 키우는 7가지 독서 습관

학부모라면 누구나 혼란스러울 것이다. 책 읽기를 좋아하는 아이로 키우려면 어떻게 해야 할까? 내 아이가 글을 잘 못 읽으면 어쩌지? 글을 잘 읽게 하려면 어떻게 가르쳐야 할까? 하지만 읽기 교육은 학교 몫이라는 생각에 선뜻 나서지도 못한다.

그러나 7가지 독서 습관만 있으면 그런 혼란은 해결된다. 이 책에는 언어와 책이라는 양분과 물을 뿌려 줄 수 있는 비법이 들어 있다. 또 여기에 소개된 7가지 독서 습관은 데이비드 피어슨 박사와 그의 동료들이 효율적인 책 읽기를 실천한 사람들을 대상으로 실시한 조사 결과를 바탕으로, 10년간 수많은 교육 현장에서 응용하면서 알아낸 것이다. 요컨

대 읽기에 대한 편견을 버리고 아이가 책 내용을 이해하고 즐겁게 읽을 수 있도록 실용적인 방법을 안내하고 있다.

이 책은 읽기의 모든 과정을 자세히 소개하고 있다. 각 글자의 발음을 알고 소리 내어 읽을 줄 아는 것은 진정한 '읽기 과정'의 일부분에 지나지 않는다. 따라서 단순히 글자의 발음을 읽는 것만이 아니라 그 속에 담긴 뜻까지 이해하는 것이 얼마나 중요한가를 알리는 데 초점을 맞추고 있다.

아이에게 꼭 필요한 독서 능력

미국의 경우, 교사들과 학부모들이 열과 성의를 다하는데도 학생들의 독서 능력이 점차 저하되고 있다고 한다. 미국교육통계센터에 의하면, 초등학교 4학년 학생의 38퍼센트가 평이한 수준의 아동 도서를 읽지도 못하고 내용도 이해하지 못하는 것으로 나타났다. 그리고 1998년 미국교육발전평가보고서에 의하면, 미국 청소년의 60퍼센트가 특정한 사실 정보는 이해할 수 있지만 자신이 읽은 내용을 정교하게 다시 설명할 수 있는 사람은 5퍼센트가 채 안 되는 것으로 나타났다. 이러니 많은 부모들이 낙담할 만하다.

하지만 낙담할 필요가 없다. 아이한테 책을 읽어 주고, 읽은 내용이나 거기에 대한 자신의 생각을 말해 주는 것만으로도 아이가 '효율적인 독서가', 즉 책 읽기를 좋아하고 책 읽기를 통해 많은 것을 배우는 사람이 되는 데 필요한 토대를 닦아 줄 수 있다. 효율적인 독서가들이 활용했던 이 7가지 독서 습관만 있으면 여러분의 자녀도 독서를 지겨운 숙제가 아니라 평생 즐길 수 있는 취미이자 모험으로 여기게 될 것이다.

독서 능력은 인생에서 성공하는 데 꼭 필요한 능력이다. 이유는 간단하다. 글을 읽을 줄 알아야 다른 학습이 가능하기 때문이다. 수학을 공부할 때도, 과학을 공부할 때도, 그리고 역사, 공학, 기계 기술, 정치학을 공부할 때도 글을 읽을 줄 알아야 하고, 인터넷 서핑을 하거나 새 태블릿을 사서 작동할 때도 글을 읽을 줄 알아야 한다. 이처럼 글을 읽을 줄 알아야 하고 싶은 것을 할 수 있고 성공할 수 있다.

독서는 그 자체로도 중요하지만 자신이 원하는 삶을 살아가는 데 절대적으로 필요한 수단이다. 글을 읽을 줄 알아야 복잡한 정보를 습득하고, 자신의 꿈을 추구하면서 수준 높은 삶을 살 수 있기 때문이다. 독서 능력은 아이의 정신세계를 열어 주고 더 폭넓은 삶을 살 수 있도록 이끌어 준다. 여러분이 지금 자녀에게 줄 수 있는 가장 큰 선물은 독서의 즐거움이다.

글자만 읽어서는 안 된다

다음은 교사들이 수도 없이 반복해서 경험하는 상황이다. 머리를 땋아 내린 아만다는 무릎에 책을 세워 놓고 자신이 제대로 읽고 있는지 확인하려는 듯 수시로 고개를 들면서 반 친구들에게 큰 소리로 책을 읽어 준다. 눈이 커다란 트레민은 아무런 감정 없이 한 글자도 빠뜨리지 않고 책을 읽는다. 머리를 말총처럼 묶은 안젤리카는 처음부터 끝까지 목소리나 표정에 어떤 변화도 없이 한 글자, 한 글자를 큰 소리로 또박또박 읽는다.

이 아이들 모두 책을 잘 읽는 것처럼 보인다. 하지만 이 아이들에게는 한 가지 문제가 있다. 하나하나의 글자는 읽을 줄 알지만 그 글자들이 모여서 만드는 단어와 문장의 뜻을 이해하지는 못하는 것이다. 그렇다면 결코 제대로 책을 읽었다고 할 수 없다.

사실 글을 이해하는 능력은 학습으로 배울 수 있는 게 아니라는 이론이 오랫동안 정설로 여겨졌다. 즉, 무작정 글을 읽기만 하면 뜻이 머리에 떠오른다는 것이다. 그래서 책을 다 읽고 난 다음 무작정 아이한테 질문을 던지고, 책의 주제와 등장인물에 대해 묻고, 시험지에 답을 쓰게 했다. 그러는 과정에서 아이는 책이 말하고자 하는 뜻을 찾아내야 했다. 하지만 이런 접근법으로는 글을 제대로 이해할 수도 없을뿐더러 지루함만 더해 줄 뿐이다.

많은 아이들이 글을 제대로 읽지 못해 책 읽는 즐거움을 모르고 자란다. 앞에서 살펴본 아만다, 트레민, 안젤리카가 바로 그런 아이들이다. 이 아이들은 글자는 읽지만 그 속에 담긴 뜻은 모른다. 글에 담긴 의미를 모르면 독서의 즐거움을 알 수가 없다. 그리고 글 속에 담긴 멋진 생각이나 재미있는 사실 그리고 통쾌한 모험 이야기도 알 수 없다. 이 아이들은 독서의 외적인 면, 즉 글자는 잘 읽지만 풍요롭고, 신나고, 사색적인 독서의 내적인 면은 모른 채 살아가는 것이다.

공부력과 문해력을 키워 주는 7가지 독서 습관

글자를 틀리지 않고 읽는 것도 독서 능력의 한 부분이긴 하지만, 그것이 전부는 아니다. 아이가 자신이 읽고 있는 글의 내용을 이해하지 못한다면 제대로 글을 읽었다고 말할 수 없다. 글을 읽으면서 바로바로 그 뜻을 받아들이지 못하면 읽고 있는 글은 의미 없는 중얼거림에 지나지 않는다. 이런 현상이 지속되면 아이는 아무리 시간이 지나도 글 읽는 재미를 느끼지 못할 것이다. 그렇다면 글의 의미를 이해하면서 읽으려면 어떻게 해야 할까?

1980년대에 획기적인 발견이 이루어졌다. 효율적인 독서가들이 활용하는 특별한 사고 전략을 밝혀 낸 것이다. 그 결과, 읽기는 상호작용의 과정이며, 효율적인 독서가는 끊임없이 글과 대화를 나눈다는 사실을 알게 되었다. 이런 지속적인 대화는 글을 이해하고 자신이 읽는 글에 대해 이야기할 수 있도록 한다. 효율적인 독서가들이 어떻게 글을 읽는지 밝혀내면서, 아이들에게 읽기와 이해하기를 가르치는 데 필요한, 아주 중요하면서도 획기적인 전환점이 마련되었다고 할 수 있다.

효율적인 독서가들은 다음의 7가지 독서 습관을 통해 글의 의미를 파악한다.

1. 감각 이미지를 떠올린다 글을 읽을 때 시각, 청각 등 오감을 모두 활용하고 글에 자신의 감정을 이입한다.
2. 배경지식을 활용한다 자신이 알고 있는 관련 지식을 활용해 현재 읽

고 있는 글에 대한 이해력을 높인다.

3. 질문을 한다 끊임없는 질문을 통해 현재 읽고 있는 글을 분명히 이해하고, 글의 전개 방향을 예측하고, 중요한 요점에 초점을 맞춘다.

4. 추리를 한다 사전 지식과 현재 읽고 있는 글에서 얻은 정보를 통해 글의 전개 방향을 추측하고, 질문에 대한 답을 찾고, 결론을 내리고, 자기 나름대로 해석하여 글의 이해력을 높인다.

5. 가장 중요한 주제나 요점을 찾는다 글을 읽는 동안 핵심 요점이나 주제를 찾아내고, 중요한 정보와 그렇지 않은 정보를 구별할 줄 안다.

6. 정보를 종합한다 글의 전체적인 의미를 파악하기 위해 생각의 흐름을 계속 따라간다.

7. 수정 전략을 사용한다 자신이 제대로 이해하고 있는지 항상 신경을 쓴다. 그래서 특정한 단어나 문장 또는 문단을 이해하지 못할 때는 일단 그 부분을 뛰어넘고 계속 읽거나, 읽었던 부분을 다시 읽거나, 질문을 하거나, 사전을 찾거나, 소리내어 읽는 등 다양한 방법을 통해 문제를 해결한다.

효율적인 독서가는 잡지를 읽든 미적분법 책을 읽든, 똑같은 독서 습관을 활용한다. 그래서 무슨 글을 읽든 질문을 하고, 추리를 하고, 감각 이미지를 활용하고, 자신이 읽은 글에서 얻은 정보를 종합한다. 몇 분 안 되는 짧은 시간 동안 글을 읽을 때도 그들은 특별한 노력을 기울이지 않고 자연스럽게 이 독서 습관들을 활용한다. 또 무의식적으로 7가지 독서 습관을 활용해 글의 의미와 중요도를 파악한다. 이 독서 습관들은 남다르거나 기묘한 것이 아니다. 일반 상식이나 다름없는 것들이다. 하지만 제대로 잘 읽으려면 상식이나 다름없는 이 7가지 독서 습관이 꼭 필요하다.

수전 짐머만과 크리스 허친스는 가르치는 아이들에게 이 7가지 독서 습관을 적용해 왔다. 그 결과 모든 연령대의 아이들이 독서를 즐기게 되었고 교실 분위기도 한결 생기를 되찾았다. 학생과 교사 모두 이 독서 습관이 독서 능력만이 아니라 사회, 과학, 쓰기 그리고 수학 능력까지 향상시킨다는 것을 체험했다. 이처럼 이 책에서 소개하는 7가지 독서 습관은 아이들이 모든 교과 과정의 정보를 더 쉽게 습득하도록 도와줄 것이다.

글을 읽고 이해하기

지금까지 '읽고 이해하기'는 글자를 읽고, 글의 내용에 대해 말할 줄 알고, 교사의 질문이나 시험 문제에 답할 줄 아느냐로 평가했다. 그리고 '열심히 생각하라, 무조건 집중하라'라는 말대로만 하면 저절로 글의 의미가 머릿속에 떠오른다고 믿었다.

하지만 대부분의 학생들은 그렇지 못했다. 그 아이들은 학교에서 '읽기 놀이'를 한 셈이었다. 글자를 읽을 줄도 알고 간단한 질문에 대답도 할 줄 알지만, 글의 진정한 의미나 중요한 요점은 파악하지 못했다. 그리고 시험을 치르거나 숙제를 제출하고 나면 자신이 읽은 글의 내용 대부분을 까맣게 잊어버렸다.

읽고 이해하기를 제대로 하려면 글을 읽는 동안 생각하고, 학습하고, 지식과 시각을 넓혀야 한다. 그러기 위해서는 원래 가지고 있는 지식의 바탕 위에서 새로운 정보를 익히고, 작가나 글 속의 인물들과 정신적인 대화를 나눌 수 있어야 한다.

여러분의 자녀가 어려서부터 책을 읽을 때 질문을 하고, 책의 내용을 자신의 삶과 연결시키고, 책이 어떻게 전개될 것인지 예측하고, 책 속의 장면을 머릿속에 그려 보고, 작가와 정신적인 대화를 나눈다면, 글을 읽을 때 의미 찾기가 가장 중요하다는 것을 잘 안다는 뜻이다.

만약 여러분의 자녀가 계속 책을 읽어 달라고 조른다면 아이가 글의 내용을 잘 이해하고 있다고 보면 된다. 재미있는 부분에서 깔깔 웃고 슬픈 부분에서 눈물을 흘린다면, 그것 역시 글의 내용을 잘 이해한다는 뜻이다. 아이가 얼룩말이나 고양이, 개, 다람쥐, 별에 대한 정보를 얻기 위해 책을 살핀다면 그것 또한 아이가 글을 읽고 제대로 이해할 수 있다는 신호다. 다시 말해 아이가 책을 좋아하고, 책을 읽으면서 즐거워하고, 책을 읽어 달라고 조른다면, 글을 잘 '이해한다'는 뜻이다.

독서 능력의 기초는 부모가 키워 주는 것

독서 능력의 기초는 아이가 입학하기 전에 형성된다. 아이의 독서 능력은 어휘력과 엄청난 상관관계가 있다. 따라서 아이한테 언어의 영양분을 주어야 이야기의 뜻을 이해할 수 있고, 이야기가 전하고자 하는 바를 이해할 수 있다.

처음에는 아이를 꼭 껴안고 부드럽게 속삭이면서 새로운 세상에 대해 이야기해 주는 것만으로도 충분하다. 동요도 불러 주고 숫자놀이도 해 보자. 아이를 무릎에 앉히고 책을 읽어 주자. 아이는 엄마 아빠의 무릎에 앉아, 앞에 있는 그림책의 그림을 보고 엄마 아빠의 목소리를 듣는다. 그리고 엄마 아빠가 언제 책장을 넘기는지 보고, 엄마 아빠의 목소리 리듬에 귀를 기울인다. 이때 아이는 이야기를 이루는 단어만 듣는 것이 아니라 엄마 아빠 목소리의 높낮이와 그 속에 실린 감정도 듣고, 엄마 아빠의 느낌도 전달받는다. 그러면서 언어의 매력에 빠져들고, 세상에서 자신을 제일 사랑하는 사람과 함께 있다는 아늑함도 느낀다.

엄마 아빠가 기르던 고양이가 다락방에 갇힌 이야기나 강아지가 자동차에 친 이야기, 동생이 못을 밟은 이야기나 말벌 집을 잘못 건드려 벌에 잔뜩 쏘인 이야기도 들려주자. 엄마 아빠는 바보 같은 이야기라고 생각할지 모르지만 아이들은 그런 이야기를 참 좋아한다.

그러는 동안 아이는 글을 읽는 것이 재미있고 신나는 모험이라는 사실을 배운다. 그리고 좋아하고 아끼는 책도 생긴다. 아이는 자기가 좋아하는 책을 읽고 또 읽어 달라고 조른다. 아이가 하도 졸라 대서 그 책을 저 멀리 내다 버리고 싶을지라도 꾹 참고 읽어 주고 또 읽어 주자.

여러분은 아이한테 그림책을 보여 주고, 어려서부터 책을 읽어 주고, 책표지의 그림을 설명해 주고, 등장인물과 책 속의 그림을 설명해 주고, 언제 책장을 넘겨야 하는지도 보여 주었다. 그리고 글자를 읽어 주고 노래로 글자도 가르쳐 주었다. 아이는 단어의 뜻을 배우고 재미있는 이야기가 얼마나 좋은 것인가도 배웠다. 그리고 책에 대해 여러분이 어떤 생각을 하는지도 들었다.

그런 상태로 학교에 입학해 1학년에서 3학년 즈음이 되면, 아이는 제 힘으로 책을 읽기 시작한다. 아이가 혼자 책을 읽을 수 있는 것은 여러분이 많은 시간에 걸쳐 날마다 언어의 영양분을 아이에게 뿌려 주었기 때문이다. 여러분은 아이에게 튼튼한 언어의 기초를 다져 주었다. 그 일은 오랜 시간이 필요한 일이다. 아이의 언어 체계는 깊고 튼튼하게 뿌리를 내렸다. 이제 아이는 열심히 독서하고, 배우고, 모험하는 삶을 향해 쑥쑥 성장할 일만 남았다.

하루 15분씩 책을 읽어 주자

아무 걱정거리 없이 늘 편안하기만 하다면, 날마다 아이한테 책을 읽어 주기가 어렵지 않을 것이다. 그렇지만 상황은 마음 같지 않아서, 종일 바쁜 날도 있고, 몸이 아프거나, 부부싸움을 하거나, 뜻하지 않은 문제가 일어나기도 한다. 그럴 때면 아이한테 시간을 내주지 못하는 것이 몹시 마음에 걸릴 것이다.

그렇다고 낙담할 필요는 없다. 아이한테 책을 읽어 줄 시간은 얼마든지 있으니까 말이다. 꼭 많은 시간을 들이지 않아도 된다. 매일 15분씩이라도 아이와 함께 책을 읽고 읽은 책에 대해 서로의 생각을 이야기하자. 머릿속에 떠오른 생각을 자유롭게 이야기하면 된다. 단, 이 시간만

큼은 꼭 지켜야 한다. 이
렇게 하면 책 읽기를 좋
아하는 아이로 자라도록
독서 습관의 튼튼한 뿌리
를 길러 줄 수 있다.

> 읽고 이해하기를 제대로 하려면 글을 읽는
> 동안 생각하고, 학습하고, 지식과 시각을 넓
> 혀야 한다.

아이와 함께 책을 읽을 때는 앞으로 이 책에서 계속 소개할 독서의 정신적인 측면을 반드시 함께 나누어야 한다. 그리고 7가지 독서 습관을 활용함으로써 책 읽기가 단순히 지겨운 숙제가 아니라 평생 즐길 수 있는 신나는 모험이자 배움이라는 것을 아이한테 가르쳐 줄 수 있다. 그러면 지겨워하면서 억지로 책을 읽던 아이가 관심을 가지고 즐겁게 책을 읽는다. 수학 교사가 빈민층 학생들한테 수학을 가르쳐 최고 점수를 받게 한다는 내용의 영화 〈스탠드 업!Stand and Deliver〉(1988)를 보면 배움에는 늦은 때가 없다는 것을 다시 한번 느끼게 된다. 늦게 피는 꽃은 아직 필 때가 안 된 것뿐이다.

독서의 즐거움을 모르는 아이들

직사각형에 대해 이야기해 보자. 세상에는 좋은 직사각형과 나쁜 직사각형이 있다. 이 '직사각형'들은 아이의 언어 발달과 독서 능력에 큰 영향을 미친다. 좋은 직사각형은 온 가족이 함께 모인 저녁 식탁과 책이고, 나쁜 직사각형은 텔레비전과 컴퓨터다.

물론 교육적인 텔레비전 프로그램도 있고, 인터넷은 다양한 정보와 사람을 접하게 해 주며 공부도 도와준다. 하지만 아이들은 컴퓨터로 정보를 찾거나 강의를 보는 것보다는 게임 하는 것을 더 좋아한다. 게다가 아이들이 즐겨 보는 텔레비전 프로그램 중에는 바람직하지 않은 내용도 많다. 닐슨 미디어 리서치에 의하면 미국 어린이의 평균 텔레비전 시청 시간이 일주일에 25시간이나 된다고 한다. 그나마 이 통계 수치는 스마트폰을 보거나 컴퓨터 게임을 하는 시간은 뺀 결과이다.

하지만 진짜 문제는 아이들이 '하는 것'이 아니라 '하지 않는 것'에 있다. 요즘 아이들은 운동장에서 뛰어놀지도 않고, 흙장난도 하지 않고, 손가락에 물감을 묻혀 그림을 그리지도 않고, 레고나 블록 쌓기도 하지 않고, 집안일을 도와주지도 않고, 엄마 아빠한테 책을 읽어 달라고 조르지도 않고, 이야기를 지어 내지도 않고, 책도 안 읽고, 운동도 안 한다.

그리고 모형 비행기도 만들지 않고, 좋아하는 이야기 속 등장인물을 찾아 책을 뒤지지도 않는다. 요즘 아이들은 그저 컴퓨터나 스마트폰을 들여다보며 가만히 앉아 있는 게 놀이의 전부다.

이런 아이들에게 부족한 것이 무엇일까? 무엇보다도 정보를 정리하고, 이해하고, 상상력을 발휘하고, 자신의 생각을 말로 옮기는 활동이 절대적으로 부족하다. 이런 아이들은 독서의 즐거움을 모르고 산다. 두뇌도 운동을 안 한다. 이런 아이들은 운동장 가장자리에 가만히 앉아 운동은 하지 않고 구경만 하는 것과 다를 바 없다. 가만히 앉아만 있어서는 운동의 참맛을 느낄 수도 없고, 운동을 잘할 수도 없다.

영국에서 대대적으로 이루어진 '언어, 학습 그리고 교육'이라는 주제의 연구 조사에 의하면, 아동의 학습 성과를 예측할 수 있는 가장 확실한 기준은 아동이 이야기를 듣는 시간이라고 한다. 그리고 《아동의 일상 경험에서의 의미 있는 차이점》이라는 또 다른 연구 보고서에 따르면, 어른들과의 언어 교류의 회수와 질이 아동의 학교 성적에 큰 영향을 미치는 것으로 나타났다.

저녁 식사 자리에 온 가족이 함께 모여 그날 있었던 일을 이야기하고, 서로에게 질문하고, 토론을 벌이다 보면, 가족 간의 관계가 돈독해질 뿐만 아니라 아이의 듣기, 생각하기, 말하기, 읽기 능력도 발달한다. 앞에서 말한 두 개의 '좋은 직사각형', 즉 온 가족이 함께 모인 저녁 식탁과 책은 아이의 삶을 크게 바꿔 놓을 것이다.

아이한테 재미있는 책을 자주 읽어 주고, 저녁 식탁에 온 가족이 함께 모여 서로에게 질문을 하고, 새로운 생각을 이야기하고, 재미있는 농담을 주고받고, 서로의 이야기에 귀를 기울이자. 아이의 언어력과 독서 능력이 무럭무럭 자랄 것이다.

의미는 읽는 사람의 마음에 있다

글의 의미는 저절로 머릿속에 떠오르지 않는다. 이는 읽는 사람의 마음속에서 '창조되는' 것이다. 아이한테 책을 읽어 주고 아이와 함께 책을 읽으면서 글에 대한 생각을 서로 이야기하면, 아이는 글 속에서 의미를 찾아내는 능력이 발달한다.

독자는 자신의 중요성을 과소평가할 때가 많다. 독자가 작가와 마찬가지로 창의적으로 책에 접근하지 않으면 그 책은 의미를 잃는다. 창의적인 참여, 그것이 책을 읽는 것과 텔레비전을 시청하는 것 사이의 가장 큰 차이다.

텔레비전을 볼 때 우리는 수동적인 스펀지가 된다. 아무것도 하지 않고 가만히 앉아 있을 뿐이다. 하지만 책을 읽을 때는 이야기의 배경을 상상하고, 등장인물들의 표정을 상상하고, 그들의 목소리를 상상하면서 적극적으로 창의력을 발휘해야 한다. 작가와 독자는 서로를 '잘 안다'. 그 둘은 글이라는 다리를 통해 서로 만난다.

– 매들렌 렝글, 『물 위를 걷다: 종교와 예술에 대한 성찰(Walking on Water: Reflections on Faith and Art)』

'읽기, 말하기, 듣기'는 '보기'만큼이나 쉬운 일이다. 그리고 꼭 해야 하는 일이기도 하다. 세상 모든 일이 반복하고 연습을 해야 익숙해지듯이, 읽고 말하고 듣기 또한 연습해야 익숙해지고 잘할 수 있다. 저녁 식사 시간에 가족끼리 대화할 시간을 따로 마련하자. 그리고 아이가 잠들기 전에 책을 읽어 주자. 아이는 아늑하고 편안한 분위기에서 학습 능력이 가장 높아지므로, 책을 읽어 줄 때는 조용하고 포근한 분위기를 마련하는 것이 좋다. 텔레비전이나 게임기, 스마트폰은 끄거나 소리를 줄이자. 아이가 좋아하는 책을 꺼내고 책 속의 글과 그림을 보면서 머릿속에 떠오르는 생각에 주의를 기울여 보자. 그런 다음, 아이의 나이에 상관없이 여러분의 생각을 아이한테 이야기해 주자. 이런 간단한 방법을 통해 아이는 효율적인 독서가로 성장하는 첫걸음을 내딛는다.

이 책의 활용 방법

아이가 제대로 읽는 법을 배우도록 이끌어 주려면 이 책에서 소개하는 7가지 독서 습관의 도움이 필요하다. 이 전략은 효율적인 독서가가 책을 읽으면서 의미 파악을 하기 위해 책 속의 글과 지속적인 교류를 하는 과정에서 이루어지는 지극히 상식적인 정신 활동이다. 효율적인 독서가는 책을 읽는 동안 질문을 하고, 이미지를 떠올리고, 배경지식을 활용하고, 추리를 하고, 무엇이 중요한가를 찾아내고, 정보를 종합하고, 수정 전략을 활용한다. 효율적인 독서가는 무엇을 읽고 있는지, 그리고 무엇을 이해해야 하는지에 따라 하나의 전략에서 다음 전략으로 넘어간다. 하지만 기본적으로 이 모든 전략은 '생각'을 바탕으로 한다.

이 책은 우선 '우리가 먼저 생각해 봅시다'라는 글을 여러분이 읽고 7가지 독서 습관에 대한 지식을 익힌 다음, 그 독서 습관을 아이에게 적용할 수 있도록 구성되어 있다. 이 책을 통해 여러분은 효율적인 독서가들이 자연스럽게 구사하는 내면의 대화를 경험하게 될 것이다. 그리고 아이가 7가지 독서 습관을 통해 글을 읽으면서 이해하고 즐길 수 있도록 이끌어 줄 방법도 알게 될 것이다. 책의 글과 그림에 대한 여러분의 생각을 들으면, 아이도 내면의 대화를 하는 능력이 개발될 것이다.

우리는 독서 능력의 단계를 취학 전, 저학년, 고학년의 3단계로 나누어 각각의 단계에 맞는 사례를 소개하려고 한다. 그리고 이 책을 통해 여러분은 아이한테 읽어 주거나 아이와 함께 읽을 수 있는 책을 많이 만나게 될 것이다.

또한 이 책에는 글의 의미를 잘 파악하지 못하는 아이를 둔 부모님이나, "우리 아이는 왜 남는 시간에 책을 안 읽을까? 왜 우리 아이는 글이 어려워지면 쉽게 읽기를 포기할까? 왜 우리 아이는 글에 집중하지 못할까?" 하고 고민하는 부모님들에게 꼭 필요한 조언이 듬뿍 담겨 있다. 어떤 단계의 아동이든, 글을 읽는 동안 생각하는 법을 배우는 것은 늦지 않았다.

이 책의 목표는 아이가 효율적인 독서가로 성장하고, 발전하고, 꽃을 피우는 데 필요한 뿌리를 길러 주는 것이다. 그리고 생각하고, 추리하고, 책 읽기를 좋아하는 아이로 성장할 수 있도록 언어의 양분을 주는 것이 이 책이 추구하는 바다.

가정과 학교의 관계를 고려해 각 장의 마지막에는 교사들을 위해 '교실에서는 이렇게 하세요' 코너를 마련했다. 여기서는 크리스 허친스가 여러 학급에서 7가지 독서 습관을 실습한 내용을 소개한다. 그리고 7가지 독서 습관을 교육하는 데 필요한 조언과 여러 교사의 제안도 소개한다. 여기에 소개된 실용적인 제안들은 교사들이 교실에서 7가지 독서 습관을 활용하고, 아이들에게 새로운 독서 세계를 소개하면서 가르침의 즐거움을 만끽할 수 있도록 이끌어 줄 것이다.

자, 그럼 지금부터 7가지 독서 습관 속으로 들어가 보자.

제 2 장

머릿속에 이미지 떠올리기

감각 이미지를 떠올려라

좋은 책이란 사실보다 더 사실적이어서, 책을 읽고 난 뒤에는 그 안에서 일어난 좋은 일과 나쁜 일, 환희, 후회, 슬픔 그리고 그 안에 등장한 사람과 장소, 날씨까지 모두 자신이 실제로 경험한 것처럼 느껴진다.

– 어니스트 헤밍웨이

이 장에서는 생생하고, 신나고, 재미있고, 오랫동안 기억에 남는 독서를 위해 꼭 필요한 시각, 청각, 후각, 미각, 촉각의 감각 이미지를 떠올리는 법에 대해 살펴보자.

나 홀로 자그마한 서재에서 칼 샌드버그의 책을 보고 있다. 그러다가 「젊은 농부^{Plowboy}」라는 시가 시선을 끈다.

젊은 농부

마지막 붉은 석양이 반짝이고,
낮은 언덕 위로
어른대는 그림자가 드리울 때에, 나는 보았네
잿빛 하늘 등지고 선
젊은 농부와 말 두 마리가
땅거미 속에서 마지막 밭고랑 가는 것을.
땅은 갈색으로 빛나고,
흙냄새가 가득 퍼지고,
시원하고 축축한 4월의 연무가 피어올랐네.

나 오래 잊지 못하리
그림자 진 하늘을 등지고 선 젊은 농부와 말 두 마리를.
나 잊지 못하리 그대를 그리고
그대가 내게 보여 준
땅거미 속에서 밭고랑 가는 모습

한 연을 읽고 나자, 지금 창밖으로 펼쳐지는 로키산맥에서 중서부 시골 농장으로 옮겨 간 기분이 든다. 나는 눈썹에 흙이 묻고 땀에 젖어 데님 셔츠가 등에 달라붙은 강인한 젊은 농부의 모습을 떠올려 본다. 한창때인 그는 몸도 날씬하고 팔뚝에는 근육이 불끈 솟아 있다. 젊은 농부는 하루 종일 밭을 갈았다. 오늘이면 이 밭갈이가 끝날 것이다. 지금은 봄이다. 해가 저물고 있다. 내일은 새 밭을 갈 것이다.

곧이어 이 젊은 농부보다 나이 든 늙은 남자가 땅거미 속에서 걸어오는 모습이 떠오른다. 이 늙은 남자는 밭에 있는 젊은 농부와 말 두 마리를 바라본다. 바람도 불지 않는다. 검게 얼룩져 가는 하늘에는 미처 가시지 않은 붉은빛이 가늘게 드리워져 있다. 그리고 습기 찬 봄 저녁, 초록의 들판에는 쟁기질한 갈색 흙 줄기가 드러나 있다. 겨울은 끝났다. 새로운 시작이다. 젊은 농부는 그가 기다려 온 새로운 시절을 열어 줄 흙과 하나가 된다. 산업화 시대에는 곡식을 가꾸는 젊은 농부처럼 순수하고 더럽혀지지 않은 모습을 좀처럼 찾아볼 수가 없다.

이즈음에서 미국의 정수라 할 수 있는 아론 코플랜드의 음악이 떠오른다. 그것만이 아니다. 두 번째 연을 읽고 나서는 아주 개인적인 향수에 젖어 든다. 젊은 농부를 바라보는 늙은 남자는 시간의 무상함에 빠져든다. 그는 자신이 젊은 농부가 된 기분에 사로잡힌다. 희미한 빛이 남은 4월의 들판에서 땀을 흘리며 새 씨앗을 심는 젊고 힘이 넘치는 농부가 된 기분에 사로잡힌다. 그의 시간은 이제 마지막을 향해 가지만, 젊은 농부와 땅은 새로운 시작을 향해 가고 있다.

이 시가 쓰인 지 거의 100년이나 지난 지금 나는 서재에 앉아서, 모두 저녁을 먹으러 가고 없는 고요한 봄 들판의 젊은 농부와 말 두 마리를 떠올려 본다. 젊은 농부가 언덕을 등지고 서 있는 그림자가 생생하게 떠오른다. 축축한 거름 냄새가 물씬 풍기면서, 노스다코타 출신 약사의 아들로 태어나 여름이면 삼촌 농장에서 일했던 우리 아버지에 대한 기억이 떠오른다.

아버지는 "그때가 내 인생에서 최고의 순간이었다"라고 여러 번 말씀하셨다. 해마다 우리 형제자매들 그리고 그 많은 아이들은 하얀 판잣집들이 코네티컷 강을 내려다보고 있는 뉴햄프셔에 계신 어머니 아버지를 찾아간다. 그곳에서 우리는 차에 사촌들을 가득 태우고 목장에서 운영하는 아이스크림 가게에 가기도 한다. 가는 도중에 우리는 거름 냄새를 맡으면서까지 굳이 아이스크림을 먹어야 하는지를 놓고 토론을 벌이곤 하는데, 차가 주차장으로 들어서면 아버지만 빼고 우리는 모두 코를 막아 쥔다. 그러면 아버지는 평소의 근엄한 표정을 누그러뜨리고 아주 잠깐이지만 어린 소년의 얼굴로 돌아가 오래전 여름날에 대해 이야기하신다.

내 머릿속에서는 칼 샌드버그가 노래한 중서부의 젊은 농부가 서부의 카우보이로 바뀐다. 완만하게 기복을 이루는 방목장에 카우보이 한 사람이 겨울이 오기 전 소들을 둘러본다. 나는 덴버를 떠나 로키산맥으로 가던 도중에 그 광경을 본 적이 있다. 그 광경을 볼 때마다 나는 말할 수 없이 감동한다. 그것은 아마도 꽉 막히는 8차선 도로와 스팸 메일에서 벗어나 좀 더 단순하던 그 옛날로 돌아가고 싶은 향수 때문이리라.

– 수전 짐머만

글을 상상하고 이해하게 하는 감각 이미지

앞의 글에서 수전은 「젊은 농부」라는 시를 읽는 도중에, 그리고 읽고 난 후에 만화경 같은 이미지를 만들어 냈다. 하나의 이미지가 또 다른 이미지로 이어지면서 수전은 칼 샌드버그가 묘사한 광경에서 자신의 아버지가 홀로 소 떼를 돌보던 오래전 여름으로 옮겨 갔다. 「젊은 농부」가 불러일으킨 시각, 후각, 기분 그리고 상상력으로 인해 수전은 그 시를 더욱 깊이 이해할 수 있게 되었다. 칼 샌드버그의 시를 통해 수전은 과거를 돌아보고 문명의 발전으로 인해 우리가 얼마나 많은 것을 잃어버렸는지 다시금 생각할 기회를 얻었다.

수전은 마음의 여행을 통해 밭을 가는 젊은 농부의 모습 이상의 것을 보았다. 그 시는 다양한 감각 이미지와 아버지에 대한 추억 그리고 콜로라도의 풍경을 떠오르게 하면서 '젊은 농부'의 모습을 생생하게 떠올려 주는 멋진 콜라주를 만들어 냈다.

감각 이미지란 무엇인가?

시나 소설을 읽거나 신문 기사를 볼 때, 머릿속에는 특별한 이미지가 떠오른다. 현재 읽고 있는 글의 내용 그리고 그것과 관련해 떠오르는 인생 경험에 따라 특별한 냄새나 맛, 모습, 느낌이 생각난다. 감각들을 통해 정보를 얻게 되는 것이다. 시각화 또는 감각 이미지라고 하는 이런 현상은 수많은 기억과 느낌을 불러일으킨다.

이런 현상은 라디오를 들을 때도 일어난다. 많은 사람들이 라디오에서 '추억의 그 노래' 같은 프로그램을 듣는 것은 단지 그 음악이 훌륭해서라기보다는 그 음악을 통해 젊은 시절로 다시 돌아갈 수 있기 때문이다. 그런 음악을 들으면 옛 친구, 경험, 사랑이 떠오른다. 노래가 오래된 기억을 되살려 주는 것이다.

수전은 포탑스의 〈어쩔 수가 없네I Can't Help Myself〉를 들을 때마다 고등학교 체육관에서 남학생들이 지켜보는 가운데 노래의 후렴구에 맞춰 여학생들끼리 안무를 짜서 추던 열여섯 살 시절이 떠오른다. 그리고 그 춤을 추던 곳에서 팔던 군것질거리 냄새도 떠오르고, 남학생들이 바르던 스킨 냄새도 떠오른다. 훨씬 더 좋은 노래들이 많이 등장했지만, 수전은 지금도 이 노래를 제일 좋아한다. 그녀에게 그 노래는 단순히 노래가 아니라 기억을 되살려 주는 타임머신 같은 것이다.

수전의 아들과 남편은 미식축구 덴버 브롱코스 팀의 열성 팬이다. 어쩌다 나들이 갔다 돌아오는 휴일, 라디오에서 미식축구 중계라도 하는 날이면 두 사람은 탄성을 내지르고, 화를 내고, 기뻐 날뛴다. 눈앞에 텔레비전도 없고 미식축구 경기장에 있는 것도 아니지만, 두 사람은 마치 선수들의 움직임을 눈으로 보는 것만 같다. 수전의 남편 폴은 차를 운전하면서 라디오를 듣고, 머릿속으로 미식축구 경기를 상상한다. 수전의 아들 마크도 일곱 살 때부터 아버지와 함께 미식축구를 구경했다. 그래서 이 두 사람은 소리만 듣고도 머릿속으로 경기가 벌어지는 모습을 상상할 수 있다.

라디오를 들으면서 머릿속으로 이미지를 떠올릴 수 있다면, 책을 읽으면서도 얼마든지 똑같이 할 수 있다. 감각 이미지는 머릿속에서 상영되는 일종의 영화 같은 것으로, 이런 이미지가 떠오르면 읽고 있는 글을 3차원적으로 이해할 수 있다. 특히 아이들에게 책 읽기가 생생하고 즐겁게 느껴지려면 감각 이미지가 대단히 중요하다. 초등학교 2학년인 메들린은 "책을 읽기 시작하면 텔레비전을 켜는 것 같아요. 나는 머릿속으로 영화를 본다고 생각해요"라고 말한다. 그리고 좀 더 긴 책을 읽기 시작한 니콜라스는 "책을 보면 작가는 이야기를 들려 주는 사람이고, 독자는 그림을 그리는 사람 같아요"라고 말한다.

아이가 책을 읽으면서 머릿속에 감각 이미지를 떠올리는 것은 창의적 활동이 연속적으로 진행되는 과정이라고 할 수 있다. 시각, 후각, 청각 그리고 촉각 이미지가 떠오르면서, 아이의 머리는 그 이미지들이 이야기를 만들어 가도록 조합한다. 이렇게 감각 이미지가 지속적으로 떠오르면 아이는 재미를 느껴 책 읽기에 관심을 갖는다.

아이가 책을 읽을 때 감각 이미지를 떠올리지 못하면 일종의 감각 결핍 현상을 겪는다. 책 읽는 즐거움 중의 하나를 잃어버리는 것이다. 마

> 감각 이미지는 머릿속에서 상영되는 일종의 영화 같은 것으로, 이런 이미지가 떠오르면 읽고 있는 글을 3차원적으로 이해할 수 있다.

치 영화관까지 가서 표를 끊고 자리에 앉아 있는데 불이 꺼져도 스크린에 아무것도 나오지 않는 것과 같다고 할 수 있다. 아이들은 자신이 읽는 글자와 부모가 읽어 주는 글자가 자신의 머릿속 영화, 즉 이미지를 창조할 힘을 가지고 있다는 것을 알아야 한다.

글을 이해해야 머릿속 영화가 흐른다

감각 이미지는 대단히 중요한 감시 기능을 한다. 아이는 일단 머릿속에 영화가 떠오른다는 것을 알고 나면, 그 영화가 멈추거나 분명하지 않을 때 뭔가 잘못되었다는 것을 느낀다. 자신이 글을 이해하지 못한다는 것을 깨달았기 때문에 더 이상 읽어 나가지 않고 이해하지 못한 부분을 다시 읽거나, 단어의 뜻을 찾아보거나, 도움을 청한다. 그래서 이해가 되면 그때부터 머릿속에 영화가 다시 흘러가기 시작한다.

수전은 밤이면 비디오를 보다가 자기도 모르게 잠이 들어 다음 날 아침에 깨고 나면 영화 내용을 기억하지 못할 때가 많다. 그럴 때는 잠이 들었을 무렵의 장면으로 다시 돌아가 내용을 확인한다. 글을 읽다가 이해가 안 될 때도 그와 같은 일이 머릿속에서 벌어진다. 머릿속에 영화가 더 이상 떠오르지 않을 때는 이해될 때까지 앞으로 돌아가 다시 읽어야 한다.

초등학생인 그레이스는 이렇게 말한다. "내가 책을 읽을 때는 투명인 간이 된 것 같아요. 나는 책 속의 등장인물들이 다 보이는데 그들은 나를 보지 못하잖아요. 아무 생각 없이 글자를 읽기만 하면 머릿속에 영화가 떠오르지 않아요. 그래서 앞으로 돌아가서 다시 읽어야 해요. 감각 이미지가 떠오르는 책을 읽는 게 훨씬 더 재미있어요. 책을 읽으면서 '이게 무슨 뜻이지?'라는 생각이 들고 이해가 안 될 때는 읽었던 곳을 다시 읽어요. 그러면 머릿속에 영화가 다시 떠올라요. 그렇지 않고 계속 앞으로 나아가면 영화가 다시 떠오르지 않아요."

감각 이미지와 독서의 참맛

휴일을 맞아 우리는 소파에 둘러앉아 어린 시절 책 읽기에 대한 이야기를 시작했다. 간호사이자 네 아이의 어머니인 마티가 이런 말을 했다.

"나는 대학에 입학할 때까지 책을 즐겨 읽지 않았어요. 학교 다닐 때는 숙제 때문에 어쩔 수 없이 읽었지, 그렇지 않으면 절대 안 읽었어요. 특히 소설과 시를 읽는 숙제가 너무 싫었어요. 나중에야 감각 이미지를 떠올리지 않고 책을 읽어서 즐겁지 않았다는 걸 알게 되었어요. 나는 머리에 아무것도 떠오르지 않았어요. 그래서 책은 글자만 잔뜩 모아 놓은 따분한 것으로 여겼어요.

그런데 대학에 들어가자 모든 것이 달라졌어요. 이유는 모르겠어요.

어느 날 『위대한 개츠비』를 읽고 있는데 머릿속에 장면들이 떠올랐어요. 롱아일랜드에 있다는 개츠비의 집이 떠오르고, 머틀을 친 차도 떠올랐어요. 모든 것이 갑자기 머릿속에 떠올랐어요. 어쩌면 대학에 다니는 동안에도 감각 이미지를 떠올리며 책을 읽어야 한다는 것을 모르고 살 수도 있었는데 말이에요. 그런데 우리 집 열여섯 살짜리 아들도 감각 이미지를 떠올릴 줄 몰라요. 그래서 책 읽기를 무척 싫어해요. 나를 닮은 거죠.”

초등학교 3학년 교사 케이트는 학교에서 교사들과 함께 7가지 독서 습관을 공부했다. 그녀는 수전에게 독서 그룹을 지도할 때의 경험을 들려주었다.

“5년 전에 독서 그룹을 결성해 수요일마다 학교에 모여 토론을 했어요. 맨 처음 함께 읽은 책이 『매디슨 카운티의 다리』였어요. 나는 지금도 독서 토론 내내 한마디도 못 했던 그때가 생생하게 기억나요. 오죽했으면 몇몇 회원들이 나에게 오더니 몸이 아프냐고, 무슨 문제가 있냐고 물었어요. 평상시 나는 말이 많은 수다쟁이였거든요. 그때 난 아픈 게 아니었어요. 단지 다른 회원들이 그 많은 생각들을 하고 그런 상상을 했다는 것이 믿어지지 않았던 거예요. 책 속의 글이 남들한테는 그렇게 큰 의미로 다가간다는 것을 믿을 수가 없었어요. 나는 그 책을 읽는 내내 머리에 아무 이미지도 떠오르지 않았거든요. 이미지를 떠올려야 한다는 것도 몰랐고요. 그래서 태어나서 처음으로 책 읽기가 지루하고 재미없었던 이유를 깨달았어요. 그 모임 이후로 나는 완전히 새로운 사람이 되었어요.”

세상에는 능력 있고 똑똑해도 책을 읽을 때 감각 이미지를 떠올리지 못하는 사람들이 아주 많다. 그런 사람들은 책 읽기를 귀찮게 여기고 재미없어 한다. 케이트는 7가지 독서 습관을 실천에 옮긴 덕에 지금은 책을 읽자마자 감각 이미지가 떠오르는 독서광이 되었다. 그리고 앞서 예로 든 마티 또한 대학 시절의 경험으로 새로운 독서 세계에 눈을 떴다. 그녀의 아들도 고등학교를 졸업하기 전에 그런 경험을 하기를 바란다. 기왕이면 하루라도 빨리 독서의 참된 즐거움을 맛보는 것이 좋을 테니까.

생생하게 감각 이미지 떠올리기

열한 살인 알렉스가 다음의 글을 읽고 떠올린 감각 이미지를 살펴보자.

빌보는 재빨리 설명했다. 그리고 모두 아무 말도 하지 않았다. 호빗은 잿빛 돌 옆에 서 있고 난쟁이들은 수염을 흔들며 초조하게 바라보고 있었다. 태양은 점점 더 가라앉았고 그들의 희망도 사그라들었다. 태양은 띠처럼 드리워진 붉게 물든 구름 속으로 사라졌다. 난쟁이들은 신음 소리를 냈지만 빌보는 거의 움직이지 않고 가만히 서 있었다. 작은 달이 지평선 너머로 잠시 잠겼다. 저녁이 다가오고 있었다. 그들의 희망이 거의 사라졌을 때, 갑자기 태양의 붉은 광선 한 줄기가 구름 틈으로 손가락처럼 빠져나왔다. 한 줄기 빛이 곧바로 입구를 통해 평지로 비쳐 들어와 매끄러운 바위 표면에 닿았다. 높은 곳에 앉아서 고개를 한쪽으로 세우고 바라보던 그 늙은 개똥지빠귀가 갑자기 떨리는 울음소리를 냈다. 딱, 소리가 크게 들렸다. 바위 박편이 벽에 떨어저 나와 땅으로 떨어진 것이다. 갑자기 땅에서 1미터쯤 올라간 곳에 구멍이 생겼다.

이 기회가 사라질까 봐 몸을 떨면서 난쟁이들은 재빨리 달려가 바위를 밀었지만 아무 소용이 없었다.

"열쇠! 열쇠! 소린은 어디 있지요?"

소린이 서둘러 올라왔다.

"그 열쇠! 지도하고 같이 있던 열쇠 말예요. 아직 시간이 있을 때 그걸 돌려 봐요!"

그러자 소린이 다가와서 목에 걸린 열쇠를 꺼냈다. 그는 그것을 구멍에 넣었다. 그것은 딱 맞았고 저절로 돌아갔다. 찰칵! 그 순간 빛이 사라지고 태양은 저물었으며 달도 보이지 않고 어둠이 성큼 하늘에 퍼졌다.

그들은 다 같이 힘을 모아 바위를 밀었다. 바위 벽의 일부분이 천천히 움직였다. 길게 곧바로 뻗어 나간 틈이 보였고 점점 더 넓어졌다. 높이 150센티미터에 너비가 90센티미터 되는 문이 윤곽을 드러냈다. 그것은 아무 소리도 내지 않고 천천히 안쪽으로 열렸다. 마치 산비탈의 구멍에서 증기처럼 어둠이 흘러나오는 것 같았다. 아무것도 보이지 않는 짙은 어둠이 그들 앞에 펼쳐졌고, 그 하품하듯 벌리고 있는 입구 안쪽에는 아래로 내려가는 길이 펼쳐져 있었다.

　　　　　　　　　　　　　　　　　　　－『호빗』, J. R. R. 톨킨(아르테, 2021)

"어떤 모습이 떠오르니?" 수전이 알렉스한테 물었다.

"빌보와 난쟁이들이 바위 벽 앞에 모여 있는 모습이 떠올라요. 빌보는 그중에서 유일하게 희망을 가지고 있어요. 해가 지는 장면은 아주 근사해요. '태양의 붉은 광선 한 줄기'라는 부분을 보니, 바다에서 멀지 않은 곳에서 해가 지는 풍경이 떠올랐어요. 난쟁이들의 얼굴은 점점 더 심각해져요. 그리고 저 높은 나무 위에는 신경질적인 개똥지빠귀가 시끄럽게 울고 있어요. 돌이 딱 갈라지는 소리가 떠오르고, 난쟁이들이 걱정스럽게 중얼거리는 소리도 들리는 것 같아요."

"그런 모습과 소리가 떠오르니까 어떤 느낌이 들어?"

"우울한 곳이라는 느낌이 들어요. 그들 때문에 걱정돼요. 다급하다는 생각도 들어요. 그들은 계속 기다리고 있어요. 이제 희망이 별로 없어요. 그런데 바로 그때 바위가 우지끈대고 움직이면서 문이 열리는 소리가 떠올랐어요. 난쟁이들이 신이 나서 소리 지르는 소리도 들리는 것 같고, 빌보가 바쁘게 움직이는 모습이 떠올라요. 문이 열리자 다들 서둘러요. 느닷없이 움직이기 시작하면서 다들 신이 났어요. 그들이 문을 통해 어둠 속으로 들어갈지 안 들어갈지, 궁금해요."

알렉스의 머릿속에는 생생한 이미지가 떠올랐다. 알렉스는 새가 지저귀고 돌문이 열리는 소리를 떠올렸다. 그리고 노을이 지는 붉은 하늘과 흥분한 난쟁이들의 얼굴도 떠올렸다. 알렉스는 감각 이미지를 불러일으키는 SF소설과 판타지를 좋아하는 독자인 게 틀림없다.

"너는 책을 읽을 때 어떤 것이 떠오르니?"

수전이 물었다.

"등장인물들이 어떻게 생겼는지 먼저 결정해요. 가끔은 등장인물에 대해 만든 이미지를 확실히 하기 위해서 특이한 점을 강조할 때도 있어요. 등장인물들의 옷 모양과 색깔도 상상해요. 배경 장면에 대해서는 많이 생각하지 않고 대신 등장인물들의 얼굴을 많이 생각해요. 판타지 책을 읽을 때 등장인물들이 숲속을 걸어가는 장면에서는 낙엽 밟는 소리, 귀뚜라미 소리, 벌레들이 돌아다니는 소리를 상상해요. 가끔은 배경음악이 흐른다고 생각할 때도 있는데, 그 장면에 잘 어울리는 음악으로 골라요. 등장인물들의 표정을 통해서 그들의 감정을 느낄 수가 있어요. 책을 읽으면 하나의 세상을 창조하는 느낌이 들어요. 내가 직접 이미지를 상상하기 때문에 책에 나오는 그림은 잘 기억이 안 나요. 이렇게 머릿속에 이미지가 떠오르지 않았다면 아마 책을 읽지 않았을 거예요.”

“알렉스, 언제부터 책을 읽을 때 머릿속에 그런 상상을 떠올리게 됐니?”

“내가 아주 어렸을 때 부모님이 책을 많이 읽어 주셨어요. 형들도 들어야 하기 때문에 그림책 말고 글이 가득한 책을 읽어 주셨어요. 그때 머릿속에 이미지를 떠올리며 이야기를 들었거든요.”

“다른 부모님들한테 어떤 말을 해 주고 싶니?”

“아이는 엄마 아빠가 무슨 책을 읽어 주든 다 이해할 수 있어요. 좋은 책을 골라서 읽어 주세요. 그러면 아이는 모두 다 이해할 거예요. 분명히 그럴 거예요.”

감각 이미지를 제대로 떠올릴 줄 아는 알렉스에게 책 읽기는 신나고 재미있는 모험이다. 하지만 안타깝게도 모든 아이들이 알렉스처럼 읽을 줄 아는 것은 아니다.

감각 이미지는 왜 중요한가?

아이가 책을 읽어 달라고 조르거나 일단 읽기 시작한 책을 계속 읽어 달라고 조른다면, 그 아이는 감각 이미지를 떠올릴 가능성이 아주 높다. 또 읽기를 멈추고 아이한테 책의 내용에 대해 물었을 때 아이가 줄거리를 자세히 이야기하고 내용을 잘 이해하고 있다면, 그리고 재미있거나 슬픈 장면에서 웃고 운다면, 그것 또한 아이가 감각 이미지를 떠올린다는 증거이다. 아이가 책의 줄거리를 예상하면서 "(등장인물)이 이렇게 될 것 같아……"라고 말하거나, 책을 읽을 때 감정을 섞어 가면서 읽는 것 역시 감각 이미지를 떠올린다는 증거이다. 등장인물에 대해 질문했을 때 아이가 자세히 묘사한다면 아이가 머릿속에 감각 이미지를 떠올린다는 뜻이다. 그리고 아이가 읽거나 들은 이야기의 범위를 넘어서 자기만의 이야기를 만들어 낸다면, 책보다 더 자세한 3차원적인 이미지를 떠올린다는 뜻이다.

반면에 아이가 감각 이미지를 떠올리지 못할 경우, 책을 읽거나 남이 책을 읽어 주는 데 관심이 없을 뿐 아니라 책 내용을 설명하지 못하고, 이야기가 언제 끝났는지 관심도 없고, 등장인물이나 배경, 줄거리에 대해서도 제대로 설명하지 못한다.

머릿속에 떠오르는 이미지 이야기하기

아이에게 감각 이미지를 떠올리게 하려면 여러분이 책을 읽으면서 떠올린 감각 이미지를 들려주는 것만으로도 많은 도움이 된다. 책을 읽으면서 여러분의 머리에 떠오른 감각 이미지를 꾸밈없이 이야기해 주자. 다음은 아이에게 감각 이미지에 대한 이야기를 해 주는 사례이다.

게리 폴슨의 『개와 나의 인생』은 알래스카와 캐나다에서 개 썰매를 타고 3만 2천 킬로미터 이상을 여행한 저자가 여러 개들과 함께한 생활을 흥미롭게 엮은 책이다. 이 책은 저자의 목숨을 구해 준 쿠키라는 용감한 강아지의 이야기로 시작된다. 본격적인 이야기는 저자가 비버 덫을 놓으려고 개 썰매를 타고 출발하며 전개된다. 강둑에서 저자는 썰매를 멈추고 내려서 얼음을 가로질러 덫을 놓을 곳으로 향한다.

짐은 썰매에 밧줄로 묶여 있었다. 나는 짐을 꺼내기 위해 밧줄을 얼음 건너편으로 던졌다. 밧줄의 한쪽 끝은 여전히 썰매에 묶인 채였다. 나는 밧줄 근처에 있는 얼음 위에 한 발을 딛고 마치 돌을 디디듯 밟고 지나갔다.

어쩌면 사람들은 물에 빠지는 순간에 어떻게 손써 볼 시간이 있으리라 생각할지도 모르겠다. 얼음이 서서히 꺼져 가기 때문에 얼음 가장자리에 매달려서 어떻게든 안전하게 빠져나올 수 있으리라고 말이다. 하지만 전혀 그렇지 않다. 얼음이 꺼지면 갑자기 몸이 공중에 붕 떠 있는 것처럼 느껴진다. 얼음 바닥이 꺼지면서 몸도 그대로 가라앉고 만다.

나는 안에 두꺼운 옷을 받쳐 입고 겉에는 파카를 입고 있었다. 옷이 마치 스펀지처럼 물을 흡수하는 바람에 더욱 빨리빨리 내려갔다.

– 게리 폴슨, 『개와 나의 인생』 중 「쿠키」(삼융, 2006)

이 책을 아이한테 읽어 준다고 가정해 보자. 이 장면까지 읽고 난 다음 여러분은 다음과 같이 말할 수 있다.

"나는 폴슨이 아무렇지 않게 밧줄을 던지고 비버 둥지로 걸어가는 모습이 떠올라. 그런데 갑자기 우지끈하는 무시무시한 소리가 들려. 폴슨이 깨진 얼음 사이로 빠지는 모습이 보여. 그 일은 순식간에 벌어졌어. 쾅! 폴슨은 얼음 속으로 빠졌어. 너무 무서워. 폴슨은 죽을지도 몰라. 폴슨이 물에 빠진 순간, 아무리 무더운 여름이라 해도 아무 준비 없이 수영장에 풍덩 뛰어들었을 때처럼 당황한 기분일 거야. 갑자기 온몸이 부들부들 떨릴 때가 있잖아. 물론 폴슨이 빠진 물이 훨씬 더 차갑겠지. 게다가 옷이 물을 빨아들여서 몸이 자꾸 가라앉고, 기슭의 얼음이 너무 두꺼워서 밖으로 헤엄쳐 나오기가 쉽지 않아. 폴슨은 얼른 자기가 빠진 얼음 구멍 밖으로 빠져나와야 하는데, 그렇게 하려고 할 때마다 얼음이 자꾸 깨져. 물속은 너무 추워. 서두르지 않으면 큰일이 날 거야."

이처럼 몇 개 안 되는 문장을 읽는 동안 머릿속에 떠오른 많은 생각들을 표현할 수 있을 것이다. 여러분은 사건이 벌어지는 광경을 떠올렸고, 얼음 밑의 물이 얼마나 차가울지도 상상했고, 얼음이 깨지는 소리, 앞으로 닥칠 일에 대해 폴슨이 느꼈을 두려움과 슬픔도 떠올렸다. 그리고 여러분이 과거에 경험한 지식을 바탕으로, 물에 빠지면 여름에도 물이 얼마나 차가운지 설명했다. 여러분은 자신이 읽은 글에 따라 그림을 그렸고, 책을 읽으면서 머릿속에 떠오른 그림을 아이한테 보여 준 셈이다.

그다음에는 아이가 느낀 점과 어떤 이미지가 떠올랐는지 물어보자. 아이가 책을 계속 읽어 달라고 조르면 그것은 좋은 신호다. 책에 빠져들었고 그다음에 어떤 일이 일어날지 궁금해 한다는 뜻이니까 말이다. 그럴 때는 계속 읽어 주면 된다. 그리고 한 꼭지가 끝나면 아이에게 질문한다. 어떤 이미지가 떠오르는지 물어보자. 그리고 여러분의 머릿속에 떠오른 이미지들을 이야기해 주자. 할아버지가 키우던 개나 여러분이 물에 빠질 뻔했던 경험에 대해서도 이야기해 주자. 여러분의 머릿속에 떠오른 이미지와 가슴으로 느낀 이미지를 아이에게 들려주자. 그러면 아이는 언어를 통해 이미지를 표현할 수 있다는 것을 배운다.

이외에도 아이의 감각 이미지를 키워 줄 수 있는 방법은 무궁무진하다. 아이한테 책을 읽어 줄 때는 이렇게 해 보자. 아이한테 먼저 책을 읽어 줄 것이라고 말한 다음, 눈을 감고 듣게 한다. 그 상태로 두세 줄 정도를 읽어 준 다음 읽기를 멈추고 여러분의 머릿속에 떠오른 이미지를 가능한 한 아주 자세히 이야기해 준다. 책에 나와 있지 않은 것이라도 상관없다. 아주 정교하게, 창의적으로 이야기하자. 머릿속에 떠오른 소리, 냄새, 장면을 모두 이야기해 보자. 이것을 반복해서 책을 읽을 때 머릿속에서 어떤 일이 벌어지는가를 아이한테 보여 주자. 이것은 책 읽기를 방해하는 것이 아니라 반대로 책 읽기를 자극하고 격려하는 것이다.

그럼 이제는 역할을 바꿔 보자. 두 문단을 읽어 준 다음 아이한테 머릿속에 떠오르는 것을 이야기해 보라고 권하자. 우스꽝스러운 이야기도 괜찮다. 아이가 우스꽝스러운 이야기를 하면 재미있다며 웃어 준다. 이는 아이의 상상력에 영양분을 주는 일이다. 이런 과정을 통해 아이는 활자의 힘을 깨닫는다. 놀이를 하듯 이야기를 주고받아 보자. 이름하여 '머릿속에 떠오르는 이미지 이야기하기' 놀이다. 이 놀이는 아이가 제힘으로 책을 읽을 수 있기 전부터 가능하다. 책이 단순히 글자를 모아 놓은 것 이상이라는 것을 아이한테 보여 주자. 그래야 상상력의 문을 열 수 있다.

책 읽기가 즐거우려면

수전의 친구 웬델은 여덟아홉 살 때 로라 잉걸스 와일더의 작품 『초원의 집』을 즐겨 읽었다고 한다.

"책의 내용이 지금도 생생히 기억나. 밤마다 내가 로라 잉걸스라고 생각하면서 잠이 들었어. 그리고 잠에서 깨면 로라가 살았던 집과 헛간 그리고 로라가 입었던 옷을 그림으로 그렸지. 내가 1880년대가 아니라 1960년대에 산다는 게 마음 아플 정도였어."

웬델은 어른이 되어서도 책의 사소한 부분까지 자세히 기억하고 있었다. 어떻게 그럴 수 있었을까? 그것은 책의 내용을 머릿속에 3차원의 이미지로 형상화했고, 자신을 이야기 속의 주인공이라고 여겼기 때문이었다.

아이한테 그림을 그리게 하면 감각 이미지를 떠올리는 창의력을 기를 수 있다. 아이의 잠자리 옆에 그림을 그릴 수 있는 공책을 준비해 주고 여러분이 책을 읽어 줄 때나 아이가 직접 책을 읽을 때 머리에 떠오르는 이미지를 그림으로 그리게끔 하자. 그리고 아이가 머릿속에 떠올린 장면이나 냄새, 촉감, 소리, 느낌을 여러분이 소중히 여긴다는 것을 보여 주자.

또한 여러분이 읽은 것을 행동으로 표현해 보자. 정교하고 완전할 필요는 없다. 예를 들어, 앞에서 살펴본 게리 폴슨의 「쿠키」를 읽었다면 "이렇게 했을 것 같아"라고 말한 다음 자리에서 일어나 이야기 속의 주인공처럼 밧줄을 던지고, 얼음 위를 걷다가 깨진 얼음 구멍으로 빠지고, 놀라서 팔을 버둥거리고, 밧줄을 붙잡는 등의 행동을 흉내 낸다. 멋진 연기가 아니어도 좋다. 아이가 우습다며 깔깔 웃어 댄다면 여러분은 제대로 한 것이다. 아니면 아이한테 흉내 내 보라고 유도할 수도 있다. 아마 아이의 깜짝 놀랄 상상력에 여러분은 두 손을 들게 될지도 모른다.

이때 절대로 학교에서 수업을 하는 것처럼 강요해서는 안 된다. 책을 읽는 것이 숙제이고 엄마 아빠가 선생님처럼 느껴져서는 곤란하다. 책 읽기는 신나는 일이어야지, 결코 숙제나 귀찮은 일이 되어서는 안 된다. 아이는 앞으로 살아가면서 수많은 숙제를 해야 한다. 책 읽기까지 숙제로 만들지는 말자.

아이와 함께 책을 읽을 때는 "너도 나하고 똑같은 상상을 했구나!"라고 말하고, 여러분이 머리에 떠올린 이미지를 이야기해 줄 수도 있다. 아니면 읽기를 멈추고 행동으로 흉내를 낼 수도 있다. 스케치북을 꺼내 "나는 그림을 못 그리지만 너는 잘 그리잖니. 이 이야기 속 장면이 어떨 것 같아? 그림으로 그려서 보여 줄래?"라며 아이한테 그림 그리기를 유도할 수도 있다. 이때 책을 읽으면서 머리에 떠올랐던 모든 이미지를 자세히 이야기해 주자. 그리고 제일 중요한 건 아이가 자신의 머리에 떠오른 이미지를 이야기할 때 열심히 귀를 기울여 주는 것이다.

"귀 기울여 들을수록 이야기가 진짜처럼 느껴져요."

"책을 읽을 때뿐만이 아니라 늘 감각 이미지를 떠올려요."

"가끔은 책을 읽는 동안 감각 이미지가 바뀔 때도 있어요."

"그냥 그림을 보는 것이 아니라 머릿속에 그림을 만드는 거예요. 그 그림은 갈수록 점점 커져요. 책을 읽을수록 그림은 계속 변해요."

"이야기를 듣고 있으면 그림이 머리에 떠올라요."

"영화를 보듯 감각 이미지가 머릿속에 떠올라요."

"시리즈를 읽을 때면 등장인물에 대해 잘 알기 때문에 감각 이미지가 더 쉽게 떠올라요."

"감각 이미지를 떠올리려면 상상력을 발휘해야 해요."

감각 이미지 떠올리기

엄마 아빠 이렇게 해 주세요

 서점이나 도서관의 아동 도서 코너에 가면 제일 많은 것이 그림책이다. 그림책 중에는 연령층을 막론하고 모든 독자에게 인기가 있고 재미있고 잘 짜인 작품이 많다. 아이와 함께 이러한 그림책을 볼 때 글자와 그림에 대한 여러분만의 독특한 감각 이미지를 아이한테 가르쳐 줄 수 있다. 그림책의 그림과 글자를 보고 머릿속에 떠오르는 이미지를 아이한테 이야기해 주자. 그림책은 좀 더 긴 동화책을 읽기 위한 발판이라 할 수 있다. 아이는 짧은 책을 보며 감각 이미지를 떠올리는 법을 배움으로써 좀 더 긴 책을 읽을 때도 쉽게 감각 이미지를 떠올릴 수 있다.

 그리고 비소설 도서를 읽을 때도 '눈으로 보듯' 감각 이미지를 떠올리면 그 속에 담긴 새로운 정보를 기억하기가 한결 쉬워진다. 또 감각 이미지를 떠올리는 법을 알면 모르는 단어나 낯선 개념 때문에 머릿속의 영화가 불분명해지는 순간을 금방 알아차릴 수도 있다.

취학 전 단계

취학 전의 아이에게 그림책을 읽어 주자. 책을 읽어 주는 사이사이에 여러분의 마음에 떠오른 감각 이미지를 이야기해 주고, 아이한테도 어떤 감각 이미지가 떠올랐는지 물어본다. 그리고 책 속의 그림을 함께 본다. 책 속의 그림을 보면서 어떤 장면, 냄새, 맛, 느낌이 떠오르는지 아이한테 이야기해 준다.

아이와 함께 글자가 전혀 없고 그림만 있는 책을 보자. 여러분은 책속의 그림을 어떤 의미로 이해하는지, 그리고 그 그림을 보면서 어떤 생각이나 느낌이 들고 어떤 예상을 하게 되는지, 어떤 소리가 떠오르는지 이야기해 주자. 에밀리 아널드 맥컬리의 『배고픈 아기 고양이 네 마리 Four Hungry Kittens』는 우연히 헛간에 갇힌 엄마 고양이를 기다리는 배고픈 아기 고양이들을 발견하면서 이야기가 전개된다. 책의 그림은 여러분과 아이가 자신의 언어로 이야기 속의 장면과 행동을 묘사할 때 머릿속에 자세한 이미지를 떠올릴 수 있도록 도와준다.

예를 들어, 엄마 고양이의 몸 절반이 보이고 농부가 헛간 문을 발로 걷어차는 모습이 담긴 그림을 보면 여러분은 이렇게 말할 수 있다.

"농부가 부츠 신은 발로 헛간 문을 쾅 걷어차 닫히는 소리가 떠올라. 엄마 고양이를 헛간 안에 가둔 채 문에 커다란 자물쇠가 채워지는 모습도 떠올라. 여기 농부가 우유 통을 들고 가네. 우유 통 안에 담긴 우유가 출렁대는 소리도 떠오르지 않니?

어머, 어떡해! 농부는 일을 하느라고 정신이 없네. 그래서 엄마 고양이가 헛간에 갇힌 것도 모를 거야. 농부네 개가 머리를 쓰다듬어 주거나 막대기를 던져 달라고 하면서 열심히 뛰어다니고 있네. 이 개는 정말 기운이 넘치는 것 같구나. 다음에는 어떤 일이 벌어질까?"

이런 대화는 취학 전의 아이에게 감각 이미지를 떠올리도록 유도하는 좋은 방법이 될 수 있다.

·감각 이미지를 떠올리는 데 도움이 되는 책·

그림책

달빛 조각 | 윤강미 | 창비

장수탕 선녀님 | 백희나 | 책읽는곰

파도야 놀자 | 이수지 | 비룡소

방귀쟁이 며느리 | 신세정 | 사계절

까만 밤에 무슨 일이 일어났을까? | 브루노 무나리 | 비룡소

동화책

아테나와 아레스 | 신현 | 문학과지성사

도야의 초록 리본 | 박상기 | 사계절

책 먹는 여우 | 프란치스카 비어만 | 주니어김영사

어느 작은 사건 | 루쉰 | 두레아이들

세상이 생겨난 이야기 | 김장성 | 사계절

저학년 단계

이 단계의 아이라면 책 속의 그림을 넘어서는 감각 이미지를 떠올릴 수 있다. 아이가 책 속의 그림 이외의 감각 이미지를 떠올릴 수 있도록

대화를 이끌어 가자. 데이얼 카우 칼사의 『도박하는 할머니 이야기Tales of a Gambling Grandma』에는 서랍 속에 든 물건은 보이지 않고 할머니 침대 옆 탁자만 나오는 그림이 있다.

> 우선 달콤한 향기가 나는 향수와 곰팡내 나는 오래된 동전들이 있었다. 그리고 '파리의 저녁'이라는 상표가 붙은 조개껍질 모양의 작고 검푸른색 화장수 병이 있고, 할머니가 아직 아기인 나를 안고 찍은 네모난 사진이 한 장 있고, 구불구불한 다리가 달린 크고 두꺼운 머리핀들에다, 구석에 처박혀 있어서 머리핀을 이용해 겨우 꺼낸 누렇게 먼지 낀 동전들이 있었다.
>
> – 데이얼 카우 칼사, 『도박하는 할머니 이야기』

감각 이미지가 떠오를 때마다 무조건 읽기를 멈추면 독서의 흐름이 끊어질 수 있으므로, 특별히 생생한 이미지가 떠오르는 단어나 문장을 골라 그 글이 불러일으키는 이미지를 아이한테 이야기해 주자. 이 책의 공동 저자인 크리스 허친스는 이렇게 했다.

"'구불구불한 다리가 달린 크고 두꺼운 머리핀들'이라는 글을 읽으니까 우리 할머니 생각이 났어. 사촌들하고 나는 켄터키에 있는 할머니 집에 놀러 가면 할머니가 아침에 머리 손질하는 모습을 구경하곤 했어. 할머니는 거울 앞에 서서 정수리로 말아 올린 머리에 커다란 머리핀을 꽂아서 고정시켰지. 손가락으로 머리를 꼰 다음 머리카락 사이에 핀을 찔렀어. 그 옛날 기억을 떠올리니까 이 이야기의 서랍 속에 있는 머리핀을 상상하기가 훨씬 쉽네."

머리에 떠오른 이미지를 설명하기 위해 여러분이 책 읽기를 멈추는 시범을 보이면, 아이는 그렇게 해도 된다는 것을 배운다. 아이가 다른 감각 이미지를 떠올려도 괜찮다. 당연히 그래야 하고, 또 대부분의 경우 그럴 것이다. 여러분과 아이가 함께한 경험을 떠올리면서 동시에 자신만의 감각 이미지를 이야기한다면, 모든 사람이 서로 다른 생각을 가지고 있다는 것 또한 가르쳐 줄 수 있다. 중요한 것은 아이가 자신의 감각 이미지를 떠올린다는 것이다. 일단 감각 이미지가 떠오르면 책의 내용을 이해하고 즐길 수 있다.

고학년 단계

아이가 좀 더 긴 책을 읽기 시작하면 복잡한 이야기 구조를 기억하고 이해하기 위해 감각 이미지를 떠올리는 것이 더욱 중요해진다. 머릿속으로 감각 이미지를 계속 떠올리면 아이는 전체적인 이야기의 흐름을 쉽게 이해하게 될 것이다. 아이는 글자를 통해 느낀 감정과 머리에 떠오른 이미지를 바탕으로 줄거리와 등장인물, 글의 진행 동기 그리고 행동에 대해 판단한다. 아이와 함께 서로 번갈아 가면서 소리내어 책을 읽고 서로의 머릿속에 떠오른 감각 이미지에 대해 대화를 나누면, 그 이미지들이 얼마나 중요한지 더 확실히 가르쳐 줄 수 있다.

신시아 라일런트의 『반 고흐 카페』의 '카페'를 보면 길가 카페에 대한 이야기가 나온다.

……그러나 반 고흐 카페를 가 본 사람은 한때 극장이었던 이 건물 자체에서

마법이 시작된다는 걸 알게 된다. 금전 등록기의 '모든 개에게 축복을!'이라고 흘려 쓴 글씨, 파이를 진열한 회전대 위에서 미소 짓고 있는 도자기 암탉, 여자 화장실 곳곳에 그려진 자줏빛 수국 꽃, '당신은 우리를 감동시킬 멋진 사람일 거예요'라는 노래를 연주하는 조그만 갈색 전축에서부터 마법이 시작되는 것이다. 그렇게 마법은 캔자스 플라워스의 반 고흐 카페에 깃들여 있고, 때로는 저절로 마법이 벌어지기도 한다. 그리고 그 순간 사람들과 동물들과 사물들은 마법을 알아차리는 것이다. 마법을 알아차리는 동시에 마법에 감동 받고는 곧장 소문이 퍼져 나간다.

- 신시아 라일런트, 『반 고흐 카페』(문학과지성사, 2006)

아이가 이 문단에서 마법이 지닌 중요한 의미를 파악하기 위해서는 작가가 독자를 위해 심어 둔 암시를 찾아낼 수 있어야 하고, 앞으로 어떤 마법이 벌어질 것인가를 예상할 수 있어야 한다. 감각 이미지는 아이가 구체적인 개념에서 출발해 추상적인 사고로 옮겨 갈 수 있도록 이끌어 준다. 이런 책을 읽었을 때 여러분은 다음과 같이 말할 수 있다.

"카페 안 풍경을 상상할 수 있을 것 같아. 금전 등록기 위에는 빨간 표지판에 까만 글자가 적혀 있어. 우리 집에 있는 파이 접시에는 뚜껑이 없는데, 이 카페의 파이 접시에는 동물 조각이 달린 뚜껑이 있네. 뚜껑 안에 든 체리 파이 맛이 느껴지는 것 같아.

자줏빛 수국 꽃이 그려진 화장실을 상상해 보니까 웃음이 나는구나! 화장실 가득 커다란 꽃송이가 춤추고 있는 모습이 떠오르지 않니? 그런데 전축에서 흘러나오는 음악은 상상을 못 하겠어. 아는 노래가 아니라서 말이야. 하지만 노래 곡목은 마음에 드네.

카페의 모습은 상상이 가는데, 그 속에 있는 마법이 깨어났을 때는 어떤 일이 벌어질지 상상을 못 하겠어. 어떻게 그런 일이 있을 수 있지? 어쩌면 마법은 카페 안에 있는 표지판이나 파이 뚜껑이나 레코드판 같은 평범한 물건에서 일어날지도 몰라."

이해를 향한 큰 발걸음

이런 대화들은 아이가 감각 이미지의 중요성을 이해하기 위해 하나하나 내디디며 나아가는 발걸음으로 볼 수 있다. 하지만 한 가지 주의할 것이 있다. 생각이란 일사불란한 것이 아니다. 이해력도 정해진 패턴을 따라가는 것이 아니다. 머리는 의미를 찾기 위해 수많은 이미지를 떠올리고 서로 연관을 짓고 또 질문을 떠올린다. 아이는 여러분의 생각을 들으면서 자신이 읽은 내용에 단 하나의 해석만이 존재하지 않는다는 것을 배운다. 잊지 말아야 할 것은, 여러분의 반응만큼이나 아이의 반응이 중요하다는 사실이다. 아이의 의견은 그 어떤 것이든 중요하고, 옳고 그름을 따질 수 없으며, 책 읽기를 좋아하는 아이로 성장하는 데 필요한 자신감과 사고력 계발에 없어서는 안 될 중요한 요소이다.

아이한테 이해력을 가르친다는 것이 가능할까? 물론 가능하다.

학생들에게 책을 읽으면서 생각하는 모습을 보여 주면 이해력을 가르칠 수 있다. 교사가 책을 읽으면서 생각하는 시범을 보여 주면 학생들은 자신의 생각에 대해 말하고 글로 쓰는 법을 배운다. 아이와 함께 아이가 찾아낸 것에 대해 이야기하며 칭찬하고, 아이에게 더 필요한 것이 무엇인지 파악하여 제공한다. 감각 이미지를 활용하는 법을 내재화하는 데 도움이 되는 소규모 독서 그룹을 만들 때는 생각하는 법을 통해 무엇을 배웠는지 이야기하고, 모든 책에 대해 감각 이미지 전략을 적용할 수 있도록 기회를 제공해야 한다. 교사가 7가지 독서 습관을 활용할 시간적 여유를 주어서 학생들이 여러 종류의 책을 읽으면서 이해력을 기르게 되면 교실에서는 마법과 같은 일이 벌어진다. 학생들이 읽기에 흥미를 갖게 되는 것이다. 그리고 읽기에 대한 흥미가 깊어질수록 책도 더 깊이 이해한다.

실습 시간

학생들은 감각 이미지를 떠올리는 것이 책을 읽을 때 아주 중요한 부분이며, 이해하고 기억하고 책을 즐겁게 읽기 위해서도 꼭 필요한 과정이라는 것을 알아야 한다. 하지만 감각 이미지를 떠올리라고 말만 해서는 그것이 무슨 뜻인지 학생들은 이해하지 못하므로, 교사가 직접 감각 이미지를 떠올리는 시범을 보여야 한다. 따라서 교사는 자신의 머릿속에 떠오른 장면이나 소리 등 재미있는 이미지들을 소리 내어 말해야 한다. 그 하나하나가 책 읽기의 기초를 쌓기 위한 벽돌과 같다.

감각 이미지를 떠올리기 위한 실습 시간은 교사가 글을 읽으면서 떠올린 상세한 이미지를 학생들한테 들려주는 것으로 시작한다. 교사는 모든 종류의 인쇄물, 즉 그림책, 시, 신문 기사, 일반 책 등의 글을 읽으면서 자신의 머리에 떠오른 이미지를 학생들에게 이야기해 주고, 그런 이미지가 어디서 어떻게 왜 떠올랐는지를 설명해 준다. 그런 다음 학생들에게도 각자의 머리에 떠오른 이미지를 이야기하고 그 이미지를 행동으로 흉내 내 보도록 유도한다.

다음은 감각 이미지의 힘을 확인할 수 있는 실습 시간의 한 예이다. 크리스 허친스는 초등학교 4학년 아이들을 대상으로 감각 이미지가 이해력을 얼마나 증진시킬 수 있는가를 알아보았다.

우선 나는 아이들에게 약속 장소로 올 때 "빈손으로 와도 돼. 하지만 머릿속에는 제일 좋은 생각을 가지고 와"라고 말했다.

아이들의 왁자지껄하며 떠드는 소리가 잠잠해지자, 나는 아이들과 함께 감각 이미지에 대해 배운 바를 이야기했다. 지금까지 찾아낸 제일

- 하나의 이미지가 또 다른 이미지로 이어지면서 읽고 있는 내용을 더욱 깊이 이해할 수 있도록 도와준다.

- 감각 이미지는 여러분의 경험과 기억을 바탕으로 한다.

- 감각 이미지는 글 속의 장면을 떠오르게 할 뿐 아니라, 냄새, 맛, 느낌 그리고 무섭고 두근대는 기분도 느끼게 해 준다.

- 감각 이미지를 떠올리면 읽기는 3차원적인 인식이 가능해져 훨씬 재미있어진다.

- 감각 이미지는 글 속의 등장인물, 장면, 줄거리, 현실 사회와 관련 된 정보 등을 자신이 이해할 수 있도록 받아들여 읽은 내용을 오 래 기억하도록 도와준다.

- 글을 읽다가 머릿속에 영화가 떠오르지 않으면 그것은 글에 대한 이해가 멈췄다는 신호다.

- 글을 읽는 동안 머릿속에서 영화 같은 감각 이미지가 이어지면 책 을 오래 읽기가 한결 쉬워진다. 이야기가 어떻게 이어질지 궁금해 지기 때문이다.

- 감각 이미지를 활용하면 단순히 글자의 뜻만 받아들이는 것이 아니라 추리도 하게 된다. 그래서 마음의 눈으로 상상을 하게 되고 새로운 사고로 이미지의 폭이 넓어진다.

대단한 것은 감각 이미지는 어디서 오는가에 관한 것이었다. 아이들은 모두 책을 읽으면서 머릿속에 떠오르는 영화를 만드는 데 자신들이 예전에 경험한 지식이 가장 많은 영향을 미친 것 같다고 말했다.

지난주 실습 시간에 감각 이미지를 이해하는 훈련을 시작하면서 내 생각을 이야기해 줄 때 그림을 한두 가지밖에 보여 주지 않았다. 그때는 아이들이 이야기에 맞는 자신만의 감각 이미지를 떠올리기를 바랐다. 하지만 이번 실습 시간에는 아이들이 작가의 어휘 선택에 관심을 갖는 것이 목표이기 때문에 책에 등장하는 그림을 모두 보여 주기로 했다. 이번 시간에는 눈에 띄는 명사와 동사가 글의 내용을 시각화하는 데 얼마나 도움이 되는가를 보여 주는 데 초점을 맞추었다.

"오늘은 감각 이미지가 책을 읽는 우리한테 얼마나 도움이 되는지 알아보도록 하자. 선생님이 보기에는 글의 내용을 시각화하는 데 더 많이 도움을 주는 단어가 있고, 도움을 덜 주는 단어가 있어. 작가는 우리 머릿속에 이미지가 떠오르도록 단어를 선택한다는 것이 선생님의 생각이야. 그럼 단어들이 어떻게 해서 이미지를 떠오르게 하는지 살펴보자.

지금부터 마리 킬릴레아의 『뉴펀들랜드종 개Newf』를 읽어 줄 거야. 이야기를 들으면서 자신만의 감각 이미지를 떠올려 보도록 해. 선생님은 글을 읽다가 멈추고 내 머릿속에 떠오른 그림을 이야기할 거야. 그리고 이야기 속에서 벌어지는 사건이 머릿속에 잘 떠오르도록 도와준 단어들이 어떤 것인지 열심히 찾아볼 거야. 너희도 책을 읽을 때 선생님이 하는 대로 해 봐."

나는 책을 읽기 시작했다. "바다에서 불어온 바람이 집 안을 휩쓸고 지나갔다. 침대의 남아 있는 부분은 너구리의 둥지가 되었다." 몇몇 아이들은 바람에 흔들리는 낡아 빠진 집을 상상하느라 눈을 감았다. 낄낄대고 떠들던 아이들도 어느새 조용해졌다.

나는 계속 읽어 나갔다. "봄을 맞아 꽃과 이끼가 흙빛 땅에서 고개를 내밀었다. 바다가 해변으로 달려오는데 커다란 검정 개 한 마리가 파도에 떠밀려 모래밭으로 올라왔다. …… 개는 바위를 기어올라서 낡은 오두막으로 왔다."

나는 여기까지 읽고 멈췄다.

"선생님은 '고개를 내밀었다'라는 말이 참 좋은 낱말이라고 생각해. 선생님 집 마당에도 봄이 되면 흙을 뚫고 튤립과 금낭화가 고개를 내밀기 때문에 그 모습이 어떨지 금방 상상이 돼. 작가는 '고개를 내밀었다'

라는 말 대신에 '솟아올랐다'라는 말을 쓸 수도 있었어. 하지만 선생님한테는 '고개를 내밀었다'는 말이 머릿속에 이미지를 떠올리는 데 훨씬 도움이 되는 것 같아.

그리고 선생님 머리에는 커다란 검정 개가 파도에 떠밀려 모래밭으로 올라오는 모습도 떠올라. 커다란 파도가 해변에서 철썩 부서지면서 검정 개를 모래밭에 남겨 두고 뒤로 멀어지는 광경이 눈에 보이는 것 같아. 여기서 '기어올라서'라는 말 때문에 개가 무거운 몸을 억지로 이끌고 버려진 오두막으로 힘겹게 가는 모습을 떠올리기가 쉬웠어. 검정 개가 비틀거리고 미끄러지면서 바위를 기어 올라가는 모습이 눈에 보이는 것만 같아."

나는 감각 이미지를 불러일으키는 강렬한 단어들을 더 찾아냈다. 곧 우리는 단어 목록을 만들었다. 아이들은 뛰어 달아났다, 살금살금 기어갔다, 와락 덤벼들었다, 고투했다 등의 단어에서 유추한 이미지를 이야기했다. 사라는 이렇게 말했다. "'뛰어 달아났다'라는 말을 듣자 검정 개가 놀라서 얼른 뒤로 물러나는 모습이 떠올랐어요. 내가 폭죽이 터지는 소리를 듣거나 바람에 문이 쾅 닫히는 소리를 들었을 때처럼 말이에요." 아이들은 즉석에서 행동을 통해 단어의 뜻을 묘사하기도 했다. '고투했다'라는 단어는 사전을 찾아보아야 했다. 우리는 작가의 어휘 선택이 감각 이미지를 떠올리는 데 많은 영향을 끼친다는 것을 알게 되었다.

실습 시간이 끝나고 책을 읽는 시간을 가졌다. "오늘은 책을 읽으면서 머릿속에 이미지를 떠오르게 하는 단어를 찾아보자. 그런 단어가 나오면 표시해 놓은 다음 계속 읽어 나가도록 해. 선생님이 다니면서 너희들이 찾아낸 것에 대해 물어볼게. 이 방법이 너희들에게 얼마나 도움이 될지 궁금하구나. 자, 그럼 책을 읽어 보자."

책을 읽고 아이들과 각각 대화를 나누는 개별 토론 시간이 이어졌다. 나는 제이슨 옆에 앉았다. 제이슨은 랠프 플레처의 『무화과 푸딩Fig Pudding』을 읽고 있었는데, 책에는 형광 녹색 접착 메모지가 두 개 붙어 있었다.

"제이슨은 강렬한 단어를 벌써 두 개나 찾았구나! 이 단어들이 어떤 이미지를 생각나게 했는지 선생님한테 말해 줄래?"

"이런 단어들을 표시했어요." 제이슨은 '튀어나왔다'와 '게걸스럽게 먹었다'라는 단어를 가리켰다. "여기 보면 제일 큰형 클리프가 프렌치 토스트를 다 자르기도 전에 어린 동생이 빵을 모두 먹어 치워 버렸어요. 저는 그 장면이 참 재미있었어요. 클리프는 배도 고프고 하루 종일 동생들을 돌봐야 하기 때문에 화가 났을 거예요. 제일 큰 형이잖아요."

"머릿속에 떠오른 이미지가 이 책을 이해하는 데 도움이 되었니?"

"바쁜 아침 식사 시간을 떠올리면 클리프의 기분이 어떨지 이해할 수 있을 것 같아요. 클리프는 아침밥을 먹으면서 동생의 콧물도 닦아 줘야 했어요. 으으! 내가 그런 일을 안 해도 되는 게 얼마나 다행인지 몰라요."

"이야기 속의 장면을 떠올리니까 등장인물의 기분을 이해할 수 있게 되었구나. 친구들에게도 감각 이미지가 이야기를 이해하는 데 도움이 되었다는 것을 가르쳐 주려무나. 발표 시간에 그렇게 할 수 있겠지? 좋아!"

읽기 시간 이후로 며칠 동안 아이들은 감각 이미지가 자신은 물론이고 친구들한테 얼마나 도움이 되었는지 들을 기회가 생겼다. 아이들은 시와 책을 읽으면서도 감각 이미지 전략을 학습했다. 작은 그룹을 짜서 특정한 주제에 초점을 맞추고, 천천히 시간을 들여서 읽고 자신만의 감각 이미지를 형성하였다. 그리고 그것에 대해 이야기하고, 글로 쓰거나 그림을 그리거나 행동으로 묘사했다.

이런 질문을 해 주세요

다음은 감각 이미지를 배우는 데 도움이 되는 질문들이다. 각각의 질문은 감각 이미지를 활용하는 법에 대해 충분히 이야기를 나눈 실습 시간 이후에 아이들한테 물어보도록 하자.

- 이 글을 읽고 난 다음에 어떤 이미지가 떠올랐니? 머릿속에 이미지가 떠오르니까 책 읽기가 더 재미있어졌니? 어떻게 더 재미있어졌니?
- 머릿속에 떠오른 이미지는 어디서 온 거니? 책 속에 있는 어떤 낱말이 이런 이미지를 떠오르게 했니? 네가 가지고 있는 배경지식이 자세한 감각 이미지를 떠올리는 데 도움이 되었니?
- 여기서 벌어지는 상황에 대해서는 이미지를 떠올렸으니까, 앞으로 벌어질 일에 대해서도 예상해 볼래?

- 책을 읽는 동안 감각 이미지가 변하진 않았니? 어떤 낱말 때문에 머릿속의 이미지가 바뀌었니? 그래, 하나의 이미지는 또 다른 이미지로 이어지게 되어 있어. 그 이미지들이 글을 이해하는 데 도움이 되었니?
- 오늘은 비소설 도서를 읽고 있구나. 작가는 네가 사실을 이해할 수 있도록 어떤 방법을 쓰고 있니? 네 머릿속에는 어떤 이미지가 떠올랐니? 이 두 식물의 크기 차이를 보고 있구나. 친구들한테 도표가 감각 이미지를 떠오르게 한다는 이야기를 해 주면 좋겠구나.
- 이 시에서 작가가 사용한 힘있는 명사와 동사에 표시를 했구나. 이 단어들이 시가 머릿속에 생생한 이미지로 떠오르도록 도와주었니?
- 잘했어! 이해가 되지 않는 부분에 표시를 했구나. 왜 이 부분에서 머릿속 '영화'가 멈췄다고 생각하니? '영화'가 다시 계속되게 하려면 어떻게 해야 할까?
- 너는 지금 이 신문 기사를 보고 생각난 두 가지 감각 이미지를 표시하고 이야기했어. 그런 이미지를 떠올리는 것이 이 보고서에서 중요한 부분을 기억하는 데 도움이 되었니? 머릿속에 이미지를 떠올리면 기억해야 할 중요한 정보를 선택하는 데 도움이 된다는 것을 친구들한테 이야기할 수 있겠니?
- 잘했어! 이야기의 장면을 머릿속에 떠올리는 데 도움이 될 부분을 찾아냈구나. 이 단어들을 보고 머릿속에 떠오른 이미지를 설명할 수 있겠니? 오늘 독자로서 배운 것 중에 네가 글을 쓰는 작가가 되었을 때 이용하면 좋겠다 싶은 것은 무엇이니?

- 이 단어들을 생각하기 위해 읽기를 멈췄을 때 어떤 이미지가 떠올랐니? 그래, 이 등장인물의 감정을 떠올렸구나. 좋은 독자는 등장인물과 대화를 주고받으면서 자신도 책 속에 있다고 생각한단다. 그렇게 하면 책의 내용을 좀 더 깊이 이해할 수 있어. 이 등장인물에 대한 느낌을 다른 친구들한테 어떻게 설명할 수 있을까?

- 우리는 자기 머리에 떠오른 감각 이미지를 남들에게 이야기하면서 그 이미지가 변하기도 하고 더 자세해지기도 한다는 것을 배웠어. 독서 그룹 활동을 하니까 책을 읽고 이해하는 데 도움이 되었니? 친구들과 발표 시간을 가진 후에 감각 이미지가 변하진 않았니?

- 감각 이미지를 떠올리니까 도움이 되었니? 책을 덮고 오늘 읽은 것 중에서 기억나는 것을 이야기해 봐. 감각 이미지가 오늘 읽은 것을 기억하는 데 얼마나 도움이 되었니?

- 책을 읽을 때 머릿속에 이미지를 떠올리는 것이 도움이 된다는 것을 다른 독서 그룹 사람들한테 어떻게 설명할 수 있을까? 감각 이미지를 떠올리고 활용하려면 어떻게 해야 한다고 설명할래? 감각 이미지가 책 읽기에 어떤 도움이 되었니?

선생님과 학부모가 함께해요

- 여러 가족을 초대해서 감각 이미지를 형성하고 활용하는 것이 얼마나 재미있는지 시범을 보인다. 시를 적은 종이를 나눠 주고, 가족

단위로 시의 단어에서 연상되는 이미지를 그림으로 그리게 한다. 그리고 같은 단어에서 연상된 이미지 그림들을 모아 본다.

- 그림책, 접착 메모지, 스케치북, 보이스레코더를 준비해서, 아이들이 집에 가서도 직접 책을 읽거나 부모가 책을 읽어 줄 때 감각 이미지가 떠오르는 부분을 표시하게 한다.
- 어린이와 어른이 함께 하는 독서 그룹을 만들어 감각 이미지 전략을 계속 연습한다. 책 내용의 이해를 돕는 이미지를 떠오르게 하는 부분에 표시한다. 그리고 자신의 머릿속에 떠오른 이미지를 다른 회원들에게 이야기한다.

제 3 장

연결 고리 만들기

독서습관 2

배경지식을 활용하라

책은 우리 인생의 흔적이다. 그래서 세상에는 무수히 많은 자서전이 있다.

– 스탠 퍼스키

이 장에서는 배경지식, 자신이 지금껏 경험한 것이나 보고 듣고 읽은 것, 일상생활, 사람들과의 관계, 자신이 좋아하는 것 등에 대해 살펴보기로 하자. 배경지식은 책을 읽는 경험을 더욱 의미 있고 깊이 있게 만들어 준다.

우리가 먼저 생각해 봅시다

크리스는 어제 함께 공부한 초등학교 3학년 아이들에 대해 전화로 이야기했다. 이야기 도중에 크리스는 월리스 스테그너의 『안식처를 찾아가다Crossing to Safety』를 다시 읽고 있다고 말했다.

"좋은 책이지." 내가 말했다.

"글쎄, 10년 전에 이 책을 읽었을 때도 좋았는데 지금은 전혀 느낌이 달라."

"정말? 어떻게 다른데?"

"예전에는 대학 풍경이 떠올랐고, 영문학 수업 장면이 좋았고, 모건가와 랭가의 관계가 좋았어. 두 가족이 함께 휴가를 즐기는 모습도 상상했지. 하지만 이탈리아에서 보낸 시간을 묘사한 부분은 건너뛰었어. 체리티의 죽음도 슬프긴 했지만 마음에 와 닿지는 않았어."

"좀 더 이야기해 봐."

"이탈리아를 묘사한 부분은 짜증이 났어. 이야기 무대가 다시 미국으로 옮겨 왔으면 좋겠다는 생각도 했다니까. 그런데 한번은 피렌체를 여행한 경험이 있고 나와 비슷한 시기에 같은 책을 읽은 이웃한테 그 이야기를 했는데, 그 이웃은 이탈리아가 나오는 부분이 굉장히 감명 깊었다고 하더라구. 난 이해할 수가 없었어. 음식이며 길거리 풍경에 대한 묘사나 이탈리아 사람들에 대한 수박 겉핥기식의 설명이 모두 남의 이야기 같았거든. 모두 나하고는 아무 관계도 없는 내용이었으니까. 그런데 그 뒤로 몇 가지 중요한 일이 생겼어.

그동안 양가 부모님이 모두 돌아가셔서 병을 앓고 있는 사람과 함께 산다는 것이 어떤 것인지 잘 알게 되었지. 나도 이제는 가족을 잃은 슬픔과 내 힘으로 어쩔 수 없는 일에 대한 안타까움을 이해할 수 있을 것 같아. 그러고 나서 샐리가 소아마비에 걸리고 체리티가 암에 걸린 부분을 읽자 마음이 무너져 내리는 듯한 느낌이 들었어. 그리고 또 하나는 우리가 이탈리아 여행을 갔다는 거야. 그 덕분에 좁은 거리며 아르노강이 흐르는 피렌체를 떠올릴 수 있게 되었어. 피렌체에는 시간이 덧없다고 느끼게 만드는 무언가가 있어. 그리고 이제는 이 책에서 피렌체를 묘사한 부분이 제일 마음에 들어."

"완전히 다른 책을 읽은 것 같은 기분이겠네."

"맞아. 10년 전에 읽었을 때와는 완전히 다른 책을 읽은 것 같아."

"하지만 월리스 스테그너가 책을 다시 쓴 건 아니야, 그치?"

우리는 배경지식이 가진 힘에 놀라면서 웃음을 터뜨렸다.

– 수전 짐머만

배경지식이란?

배경지식이란 책을 읽기 전에 우리가 이미 알고 있는 지식을 말한다. 지금껏 살아온 인생, 읽고 본 것, 일상에서 경험한 것들, 인간관계, 열정 등 그 모든 것이 배경지식이 될 수 있다.

"변하는 것은 세상이 아니라 우리 자신이다"라는 말이 있다. 모든 것이 다 그렇지는 않겠지만 적어도 책 읽기에 있어서는 그 말이 확실히 맞다. 배경지식에 따라 책에 대한 이해와 느낌이 얼마든지 달라질 수 있다. 같은 소설, 시, 단편, 수필이라 해도 읽을 때마다 그 전에 읽었을 때와 읽는 느낌과 이해하는 정도가 달라질 수 있다. 삶의 경험에 변화가 있기 때문이다.

하나의 글이 갖는 의미는 우리가 그 글에 부여하는 의미와 서로 뒤섞이기 마련이다. 과거와 현재가 뒤얽히고, 오래된 생각과 새로운 생각이 혼합되고, 오래된 경험과 새로운 경험이 뒤엉킨다. 글을 읽다 보면 원래 가지고 있던 배경지식을 끄집어내야 할 때도 있고, 새로운 배경지식을 만들게 될 때도 있다. 책을 읽을 때마다, 그리고 자신이 읽은 것에 대해 이야기할 때마다, 배경지식을 활용하거나 새로 쌓는 과정을 거친다. 하루하루를 살아가는 것 역시 배경지식을 축적하는 과정이다.

이에 대해 한 초등학생이 이렇게 말했다.

"배경지식은 내가 읽는 것과 내가 아는 것을 서로 연결해 줘요. '나한테는 개가 있다'처럼 내가 아는 사실과 '동물은 죽는다'처럼 책을 읽고 알게 된 사실을 연결해 주는 거죠. 그래서 배경지식은 이야기를 더 잘 이해할 수 있도록 도와주는 것 같아요."

존 스타인벡은 이렇게 말했다.

"비밀이나 이야기를 말하는 사람은 누가 그 이야기를 듣거나 읽는지 염두에 두어야 한다. 왜냐하면 듣는 사람이나 독자에 따라 이야기가 달라질 수 있기 때문이다. 사람은 자신이 원하는 것만 받아들이기 때문에 자신의 마음에 따라 이야기를 변화시켜 받아들일 수 있다. 그래서 이야기의 일부만 듣고 나머지를 잊어버리기도 하고, 편견이라는 그물로 이야기를 걸러서 받아들이기도 하고, 이야기에 자신만의 색깔을 덧입히기도 한다. 이야기에는 읽는 사람이 편하게 받아들일 수 있도록 연결 고리가 있어야 한다. 그래야 독자가 이야기 속에 담긴 경이로움을 제대로 받아들일 수 있다."

즉, 앞에서 말한 '연결 고리'는 바로 독자를 이야기로 끌어들이는 배경 지식을 뜻한다.

크리스가 같은 책을 10년 전에 읽었을 때와 일주일 전에 읽었을 때 느낌이 달랐던 것은 책이 변해서 그런 것이 아니라, 그녀가 책에 묘사된 상황을 직접 경험했기 때문이다. 책과의 새로운 연결 고리가 생긴 것이다. 크리스는 이탈리아를 여행하거나 사랑하는 사람을 병으로 잃는 경험을 하기 전에는 공감할 수 없던 상황들을 과거보다 경험의 폭이 넓어진 지금은 이해할 수 있게 되었다.

같은 글, 다른 느낌

40명의 교육자들이 덴버에 모여 7가지 독서 습관에 대해 논의했다. 그들은 4일간 교사들이 수업을 진행하는 학급을 방문해 학생들의 발표를 듣고, 여섯 권의 책 중에 첫날 나눠 준 책을 읽고 서로 토론도 했다. (참가자들은 책을 한 권 선택하고 7가지 독서 습관 중에서 한 가지 전략에 집중해서 책을 읽었다.)

마지막 날 아침, 참가자들은 각자 선택한 전략에 따라 소그룹으로 나누었다. 수전은 이 그룹, 저 그룹을 다니면서 토론 내용을 듣다가 배경 지식에 대해 대화를 나누는 그룹에 자리를 잡았다. 이 그룹의 참가자들이 읽은 책은 제임스 맥브라이드의『컬러 오브 워터』이었다. 이 책은 흑인 아버지와 백인 유대교 어머니 사이에서 열한 명의 남매와 함께 자란 저자의 경험담을 그리고 있다.

루스라는 여자가 불쑥 말을 꺼냈다.

"읽을수록 화가 났어요. 이 책에 담긴 편견 때문에 너무 분통이 터져요. 참고 읽기가 정말 힘들었어요. 유대인에 대한 묘사가 너무 불공평해요. 우리 할아버지는 랍비로 정말 훌륭하고 존경받는 분이셨어요. 이 책은 너무 일방적이고 악의적이에요."

그 이야기를 듣고 초등학교 교사인 릴라가 나섰다.

"저런, 난 그런 식으로 안 봤어요. 나는 그가 역경을 헤쳐 나가는 것을 보면서 감동을 받았어요. 당신이 말한 인종차별 같은 것은 발견하지 못했어요."

그러자 다시 루스가 말을 받았다.

"나는 인종차별을 느꼈어요. 그래서 화가 났고, 제임스 맥브라이드가 너무 싫어졌어요."

릴라는 다른 사람에게 의견을 물었다.

"바버라, 당신 생각은 어때요?"

햇빛에 멋지게 그은 피부에 운동선수처럼 생긴 바버라가 천천히 입을 열었다.

"일단 심호흡을 좀 해야 할 것 같아요. 내가 왜 이 책을 선택했는지 모르겠어요. 이 책을 읽기 시작하면서 내 어린 시절의 기억이 밀려들었어요. 이 책을 읽을 때도 그랬지만 나는 도저히 믿을 수가 없어요."

바버라는 책의 한 부분을 가리키며 읽기 시작했다.

엄마가 일하는 체이스맨하튼 은행의 구내식당에서 직원들에게 공짜로 식사
를 제공했기 때문에 엄마는 볼로냐 샌드위치나 치즈, 케이크 등 뭐든 가져올
수 있는 거라면 다 챙겨서 굶주린 우리 무리에게 가져다주었다. 퇴근하는 엄
마의 가방을 제일 먼저 잡으면 먹는 거고, 아니면 그냥 잠이나 푹 자야 했다.
— 제임스 맥브라이드, 『컬러 오브 워터』(올, 2010)

바버라는 계속 말을 이었다.

"완전히 똑같은 것은 아니지만 나도 그렇게 살았어요. 나는 새너제이
동부에서 자랐어요. 온통 흑인들만 사는 동네에 백인 가족은 딱 둘뿐이
었어요. 내가 어렸을 때는 할아버지네 옆집에 살았어요. 할아버지는 근
처 식료품점에 팔 채소 농사를 지었는데, 채소를 배달하고 나서는 식료
품점에서 나오는 쓰레기를 달라고 해서 가져오셨어요. 우리는 학교에
갔다 오면 그 쓰레기를 분류하는 것이 일이었어요. 쓰레기에서 먹을 수
있는 것을 골라내면 그것이 곧 저녁거리가 되었지요. 나머지는 동물한
테 먹였고요. 우리는 흑인 아이들과 함께 자랐고, 그 아이들과 함께 놀
고 학교도 함께 다녔어요. 우리는 피부색 같은 건 따지지 않았어요. 우
리 부모님은 어떠셨는지 모르겠어요. 우리는 가진 게 아무것도 없었지
만, 아이들이 자라기에는 좋은 곳이었어요. 지금 나는 가난한 아이들을
가르치는 일을 하고 있어요. 그중에는 차에서 태어난 아이도 있어요. 나
는 그 아이들한테 '너희들은 무엇이든 되고 싶은 것이 될 수 있어. 무엇

이든 말이야!'라고 말해 주곤 해요. 이 책은 정말 큰 감동을 주었어요."

이처럼 같은 책인데도 루스와 바버라의 생각이 이렇게 다른 것을 보면 배경지식이 책에 대한 반응에 얼마나 큰 영향을 미치는지 확인할 수 있다. 루스나 바버라의 생각이 틀렸다고는 할 수 없다. 두 사람 모두 그런 해석을 할 만한 타당한 이유가 있었고, 참가자 모두 토론을 통해 그 사실을 배웠다. 배경지식을 통해 책에 대한 참가자들의 이해가 깊어진 것이다.

아이의 배경지식을 키우는 방법

아이와 함께 여러분이 가지고 있는 배경지식에 대해 이야기해 보자. 아이한테 이야기를 들려주거나, 대화하거나, 책을 한 쪽이나 한 문단 정도 읽어 주고 이렇게 말해 보자.

"이걸 읽고 나니까 예전에 읽었던 책이(또는 예전에 들은 이야기가) 생각나네……."

"이걸 읽으니까 생각나는 일이 있어……."

이와 같이 여러분이 가지고 있는 배경지식을 이야기해 주면 아이와의 관계가 돈독해질 뿐 아니라, 아이는 여러분과 자신에 대해 좀 더 많이 알 수 있는 기회를 얻는다. 또한 아이는 이야기를 듣고 질문하고 이해하면서, 단순히 여러분의 배경지식을 알게 되는 것만이 아니라 자신의 언어 능력도 함께 키운다.

아이와 함께 책을 볼 때는 책의 표지도 살펴보고, 제목도 읽고, 저자 소개도 읽고 뒤표지의 안내 글도 읽자. 그리고 책이 어떤 내용일지 예측해 보고, 여러분의 생각을 아이한테 들려주자. 그렇게 하면 아이는 책의 첫 문장을 읽기 전부터 책 속에서 어떤 일이 벌어질지에 대한 배경지식을 쌓는다.

책은 왼쪽에서 오른쪽으로 읽어 나가며, 책의 종류별로 구조와 형식이 다르다는 것을 아이한테 가르쳐 주자. 시와 짧은 이야기는 구조가 다르다. 대화는 대개 큰따옴표 안에 들어 있다. 이런 구조를 설명해 주면 아이의 배경지식은 무럭무럭 자란다.

개나 고양이에 관한 책을 읽으면, 여러분이 어렸을 때 기른 반려동물 이야기를 들려주자. 도시에 가는 이야기를 읽을 때는 여러분이 처음으로 높이 솟은 빌딩을 보았던 경험을 들려주고, 여러분이 도시에 살고 있다면 시골에 가서 넓은 들판과 숲을 본 경험을 들려주자. 할아버지나 할머니, 삼촌, 고모 등 시골에 있는 친척들에 대한 추억과 친구들, 그리고 어려서 했던 놀이에 대해서도 들려주자.

여러분은 책을 읽을 때 아이한테 들려줄 재미있는 경험이 하나도 없다고 생각할지 모르겠지만, 그것은 잘못된 생각이다. 여러분의 추억과 어린 시절의 경험은 어떤 것이든 아이한테는 재미있다. 아이한테 여러분의 추억을 들려주자. 아이의 배경지식을 키우는 아주 좋은 방법이다. 여러분이 들려주는 이야기를 들으면서 아이는 책을 읽을 때 언어를 배우는 것뿐만 아니라 지나간 경험을 떠올릴 수 있다는 사실도 배우게 될 것이다.

배경지식을 쌓아 주면 아이가 책에 더 많이 흥미를 갖도록 유도할 수 있다. 아이들은 원래 호기심 박사이다. 어떤 주제가 흥미와 호기심을 불러일으키면 아이는 자연스레 그 내용이 알고 싶어진다. 그래서 더 많이, 더 깊이 파고드는 것이다. AI, 우주, 비행접시, 미스터리 등 아이들의 관심 대상은 무궁무진하다. 아이와 함께 도서관에 가서 아이가 좋아하는 주제를 다룬 책을 보고, 박물관이나 공원, 공항 등에 가거나 대화를 통해 아이의 배경지식을 쌓아 주자.

아이의 배경지식을 일깨우자

가끔은 아이의 배경지식을 일깨워야 할 때가 있다. 수전의 열세 살된 아들 마크는 크리스마스 선물로 『해리 포터』 시리즈를 선물 받더니, 일주일 만에 몽땅 읽어 치우고는 다시 읽기 시작했다. 아이는 왜 그 책에 그토록 깊이 빠져든 걸까?

"마크, 엄마는 지금 배경지식에 대한 글을 쓰고 있어. 그런데 너는 요즘 『해리 포터』를 다시 읽고 있더구나. 그 책을 읽을 때 떠오르는 배경지식이라도 있니?"

"아니오, 난 그냥 이 책이 좋아요. 재미있어요."

"정말이야?"

"예, 난 마법사가 아니잖아요. 그냥 재미있어서 읽는 거예요."

몇 시간 후 마크는 다시 이렇게 말했다.

"엄마, 엄마가 아까 물어본 걸 생각해 봤는데요. 해리는 두 가지 인생을 살고 있는 것 같아요. 하나는 자신을 좋아하지 않는 친척들과의 인생이고, 또 하나는 마법사들과 함께 재미있고 행복하게 사는 인생이에요.

책을 보고 있으니까 작년에 내가 학교에 다니면서 느꼈던 기분이 생각났어요. 작년에는 정말 학교에 가기 싫었어요. 선생님이 날 싫어했거든요. 그리고 나를 괴롭히는 아이들도 있었고요. 하지만 올해는 완전히 달라요. 그래서 마치 나도 두 가지 인생을 사는 것 같아요. 하나는 즐겁지 않은 인생이었고, 나머지 하나는 아주 즐거운 새로운 인생이에요. 그걸 생각하면 내가 해리 포터가 된 것 같아요."

마크는 해리 포터를 자신과 연관지어 생각할 수 있게 되었다. 그러자 해리 포터 이야기가 더욱 재미있어졌고, 그 이야기에 대한 이해도 깊어졌다. 수전의 질문은 마크가 생각하게끔 만들었고, 배경지식을 일깨워서 활동하도록 유도한 것이다.

배경지식이 왜 중요한가?

백악기와 제3기 퇴적물이 수천 피트 두께의 퇴적물층 아래에서 그보다 더 오래된 바위를 덮고 있지만, 초기 지질역사의 윤곽은 깊이 파묻힌 기록과 주변 지역의 조사를 통해 추측해 볼 수 있다. 선캄브리아대 말기부터 백악기 끝 무렵에 이르는 5억 년 동안 이 지역은 여러 차례의 융기와 침몰을 경험하였다. 하지만 애팔래치아 산맥과 오아치타 산맥 그리고 유럽과 아시아 일부 지역에서는 그런 엄청난 퇴적과 단층 현상을 발견하지 못했다.

- 로이스 벨크냅 에반스 외, 『사라진 강의 안내Desolation River Guide』

위에서 예로 든 글을 이해하는 사람도 분명히 있을 것이다. 그런 사람은 위의 글을 읽으면서 그 광경을 머리에 떠올리고 그린강의 지질 상태가 미국 남서부의 넓은 지질 환경과 어떻게 조화를 이루는지도 잘 알고 있을 것이다. 하지만 수전은 위의 글을 아무리 읽어도 금세 잊어버리고 만다. 수전은 미국 유타주의 지질 상태는 물론이고 지질학 전반에 대해 아무런 배경지식이 없다. 배경지식이 없는 상태에서 글을 읽는 것은 뜻 모르는 외국 글자를 읽는 것이나 다를 바 없다. 그 속에 담긴 뜻을 이해할 수 없을 뿐만 아니라 새로운 정보가 머릿속에 기록되지도 않는다.

여러분이 전혀 익숙하지 않은 분야의 글을 읽을 때도 마찬가지이다. 예를 들어, 의학 서적이나 법률 서적 또는 컴퓨터 설명서를 읽는 다고 하자. 의학이나 법률. 컴퓨터에 대한 배경지식이 전혀 없는 상태에서 그런 책을 읽는다면 자신이 읽고 있는 것이 무슨 뜻인지 이해하기가 쉽지 않을 것이다.

배경지식은 찍찍이처럼 새로운 지식이 짝 달라붙게 도와준다. 그래서 배경지식이 많을수록 새로운 정보를 더 깊이 이해하고 더 많이 기억할 수 있다.

연결 고리 만들기

부모는 자녀가 책을 읽을 때 책과 자신, 책과 책 그리고 책과 세상을 서로 연결할 수 있도록 유도해야 한다. 그러면 아이는 자신이 배경지식을 가지고 있다는 것을 인식하고 그 바탕 위에 새로운 배경지식을 또다시 쌓을 수 있다.

책과 자신의 연결 고리 만들기

책과 자신 사이에 연결 고리를 만들면 책을 읽을 때 자신의 과거 경험이 떠오른다. 크리스는 『안식처를 찾아가다』를 다시 읽으면서 이탈리아를 여행하던 때를 떠올렸다. 루스와 바버라는 『컬러 오브 워터』를 읽고 자신의 어린 시절을 떠올렸다. 마크는 왕따를 당한 경험 때문에 해리 포터 이야기가 마음에 좀 더 깊이 와 닿았다. "감정은 관심을 불러일으키고, 의미를 창조하고, 독자적인 기억의 경로를 갖는다"(에릭 젠슨, 『두뇌를 염두에 두고 교육하라Teaching with the Brain in Mind』)라는 두뇌에 대한 연구 결과를 생각해 본다면, 책과 자신 사이에 연결 고리를 만드는 것이 매우 중요하다는 것을 알 수 있다. 감정적인 연결 고리를 만들면 읽고 있는 글의 내용을 기억하기가 한결 쉬워지는 법이다.

책과 책의 연결 고리 만들기

책과 책 사이에 연결 고리를 만들면 책을 읽을 때 예전에 읽거나 본 책, 텔레비전 프로그램 또는 영화가 떠오른다.

한 교사가 일곱 살짜리 아이들에게 다음의 시를 읽어 주었다.

민들레Dandelion

초록 벌판에

솟아오른

해님

낮에

밝게 빛나다,

다 타버려 분화구 뚫린

달이 되었네

일주일 동안

피었다가

재로 변해서

넓고 넓은

잔디밭에

산산조각 난

별 같은

씨를 뿌리네.

– 발레리 위스, 『작은 시들All the Small Poems』

이 시를 듣고 제인이라는 아이가 이렇게 말했다. "'산산조각 난'이라는 말을 들으니까 깨진 유리컵 같은 게 떠올라요."

그러자 재닛이 "나는 입으로 부는 게 생각나요"라고 말했다. "상상할 수 있어요. 후! 그러면 산산조각 나서 날아가잖아요. 그리고 곰돌이 푸도 생각나요. 곰돌이 푸가 래빗에게 뭐든 먹어도 되지만 민들레는 먹지 말라고 했는데, 래빗은 머릿속이 뒤엉켜서 민들레를 먹고 말았어요."

이때 펠리치아도 끼어들었다. "바람에 날아가는 모습이 떠올라요. 민들레 씨는 바람에 떠다녀요. 수백만 개로 부서져서 날아가요. 몽땅 초록색인 풀밭이 노랗게 됐다가 작은 꽃들이 피어요. 민들레는 해님 같아요. 왜냐하면 해가 우리 앞에 딱 나타나 있는 것처럼 보이니까요. 해가 하늘에 떠 있는 게 아니고 땅에 내려와 있는 것 같아요."

이번에는 션이 나섰다. "언젠가 우리 교실에 와서 재미있는 이야기를 해준 아저씨에 대해서 우리가 시를 썼어요. 나는 그 시가 생각나요."

"맞아, 나도 생각나요." 펠리치아는 그렇게 말하더니 아이들을 데리고 그 시가 붙어 있는 게시판으로 갔다.

광대처럼 재미있는 불침번 천사는
이야기를 그림으로 만들어 주네.
유리컵이
깨져서 수백만 개로 조각난 듯
우리는 웃고 또 웃었다.

"산산조각 나는 것은 수백만 개로 조각나는 것과 같은 거예요. 그래서 이 시가 생각났어요"라고 션은 말했다.

겨우 3분 동안에 아이들은 노란 꽃이 피어 있는 풀밭을 떠올렸고, 「민들레」라는 시를 자신들이 쓴 시와 연결지었으며, 아기 곰 푸와도 연결지었다. 아이들은 많은 책과 책을 연결지었다. 아이들이 혼자서 이 시를 읽었거나 선생님이 읽어 주는 시를 듣고 나서 생각하지 않고 곧장 다른 시를 이어서 들었다면, 아마 지금만큼 「민들레」라는 시와 많은 것을 연결짓지는 못했을 것이다.

책과 세상의 연결 고리 만들기

책과 세상 사이에 연결 고리를 만들면 책을 읽을 때 더 넓은 세상의 일이 떠오른다. 자신의 생활 범위를 넘어서는 생각을 하도록 유도하는 책이나 기사, 이야기는 책과 세상 사이를 연결할 수 있도록 도와준다.

중학생인 데니는 테러범들에 의해 9·11 사태가 벌어졌을 때 『파리 대왕』이라는 책을 읽었다. 이 아이가 그 책에 대해 어떤 반응을 보였는지 살펴보자.

"짐승처럼 어둡고 악마같이 무시무시한 것이 있어요. 그리고 소년들은 자기가 누구인지 잊어버리고 무시무시한 짐승으로 변해요. 이 책을 읽으니까 우리가 테러범들을 악마라고 생각하지만, 그 사람들도 한 사람, 한 사람 따로 떼어 놓고 보면 저마다 인생이 있고 사연이 있을 거라는 생각이 들어요. 테러범들도 한 사람씩 따로 있을 때는 악마가 아닌데 함께 모여 있으면 악마가 되는가 봐요."

선생님이 그 밖에 또 어떤 생각이 들었냐고 묻자 데니는 다시 이렇게 말했다.

"처음에는 소라 껍질이 힘의 상징이었는데 나중에는 나약함의 상징이 되었어요. 제 생각에 그 소라 껍질은 문명을 상징하는 것 같아요. 굉장히 깨지기 쉽고 섬세하잖아요. 결국 소라 껍질은 나중에 산산조각이 나요. 그걸 보니까 뉴욕과 워싱턴에서 벌어진 일과 지금 아프가니스탄에서 벌어지는 전쟁이 그 소라 껍질을 깨뜨리는 것과 같은 행동이라는 생각이 들었어요."

『파리 대왕』은 청소년기의 왕성한 상상력을 자극했고, 중요한 사회적, 문화적 문제를 생각나게 했다. 데니는 이 책을 넓은 세상과 연결지었다. 자기가 과거에 경험한 일 또는 예전에 읽거나 본 책이나 영화에 연결지을 수도 있었지만, 데니는 더 넓은 세상에 관심이 많았다. 책에 대해 이야기를 나누면서 데니는 자신의 생각을 분명히 정리하고 이상을 더 높이 세울 수 있게 되었다.

연결 고리를 만드는 시범을 보여라

아이와 함께 책을 읽을 때 여러분이 먼저 연결 고리를 만드는 시범을 보여 주자. 책의 한 쪽이나 한 문단을 읽은 다음 "이걸 보니까 이런 생각이 드는구나……"라고 이야기해 주자. 비슷한 내용을 담은 책 이야기를 해도 좋고, 신문 기사를 읽고 토론해도 좋다. 머릿속에서 떠오른 생각에 대해 이야기해도 좋다. 아이에게 안타까운 실수나 우스꽝스러운 사건, 생생한 기억을 이야기해 줄 기회를 놓치지 말자. 책을 읽는 것이

종이에 적힌 글자를 읽는 것 이상의 행위임을 가르쳐 줄 수 있는 좋은 기회다. 과거에 대한 이야기도 좋고, 세상 돌아가는 이야기도 좋다. 20년 전에 읽었던 책 이야기를 해 줘도 좋고 바로 어제 신문에서 읽은 사설을 이야기해 줘도 좋다.

연결 고리 만들기에 대해 이야기해 보자

교사 바브 맥칼리스터는 주디스 바이어스트가 쓴 『바니가 우리에게 해 준 열 가지 좋은 일』이라는 책을 초등학교 2학년 아이들한테 읽어 주었다. 책은 이렇게 시작된다.

지난주 금요일,
우리 집 고양이 바니가 죽었어요.
나는 너무 슬펐어요.

텔레비전도 보지 않고 울기만 했습니다.
치킨도, 초콜릿 푸딩도 먹지 않고 울기만 했습니다.
내 방에 틀어박혀 울기만 했습니다.

엄마가 내 침대 옆으로 다가와 나를 꼭 껴안아 주었습니다.
엄마는 날이 밝으면 바니를 땅에 묻어 주자고 했어요.
그리고 바니의 좋은 점 열 가지를 생각해 두었다가 바니를 묻을 때 말해 보라고 했습니다.

– 주디스 바이어스트,

『바니가 우리에게 해 준 열 가지 좋은 일』(파랑새어린이, 2003)

맨디가 먼저 손을 들었다.

"내가 소파에 앉아 있으면 우리 집 개 탱고가 달려와서 내 무릎에 앉아요. 탱고의 좋은 점은 내가 심심할 때 나하고 놀아 준다는 거예요. 나는 탱고를 영원히 사랑할 거고 탱고가 죽어도 영원히 내 마음속에 살아 있을 거예요."

그다음에는 안토니오가 말했다.

"우리 집에 검정 고양이가 있었는데 어느 날 엄마가 집에 오더니 고양이가 죽었다고 그랬어요. 우리는 고양이를 뒷마당에 묻어 주었어요. 고양이는 차에 치여 죽었어요. 그날 밤에 나는 엉엉 울었는데, 이 시에 나오는 꼬마하고 같은 기분이었어요."

그때 조던은 토론의 방향을 바꾸는 이야기를 했다.

"우리 할아버지는 돌아가셨어요. 내가 다섯 살인가 여섯 살 때 돌아가신 거 같아요. 할아버지가 관에 누워 있는 걸 보는 것도 괴로웠고, 할아버지 관이 땅에 묻히는 것도 괴로웠어요. 나를 보며 웃어 주는 할아버지를 더 이상 볼 수 없으니까요. 할아버지가 없으니까 모든 게 달라졌어요. 할아버지는 매일 해님처럼 웃어 주셨어요. 나는 이 시에서 자신이 아끼던 고양이가 죽어 슬퍼하는 아이처럼 누군가 죽으면 어떤 기분인

책과 자신 : 지금 읽고 있는 글의 내용을 자신이 일상생활 속에서 경험한 것
과 서로 연결짓는다.

책과 책 : 지금 읽고 있는 글의 내용을 그림, 영화, 텔레비전 프로그램, 노래
등 자신이 과거에 보거나 들은 것과 연결짓는다.

책과 세상 : 지금 읽고 있는 글의 내용을 더 넓은 세상과 연결짓는다. 주변에
서 흔히 일어나는 일보다 되도록 '범위가 큰 일'과 연결짓는다.

지 잘 알아요."

조던, 안토니오, 그리고 맨디는 『바니가 우리에게 해 준 열 가지 좋은
일』이라는 책에 연결 고리를 만들었다. 아이들은 책을 읽고 난 느낌을 이
야기한 덕분에 일상생활에서 겪은 가슴 아픈 이별을 기억해 냈다. 그로
인해 책의 내용에 감정을 이입하게 되었고 좀 더 깊이 이해할 수 있었다.

아이들은 친구들과의 대화를 통해 그 시에 더 많은 의미를 부여하였다.

아이들은 새로 알게 된 것을 기존의 지식과 연결지음으로써 학습한
다. 그러기 위해서 아이들은 자신이 읽은 것을 이야기하고, 글로 쓰고,
생각하는 과정이 필요하다. 이 과정을 거쳐야 자신이 읽은 것을 기억할
수 있다. 그런 과정 없이 무작정 읽기만 하면 잠시는 기억할 수 있을지
몰라도 그 기억이 오래가지 못한다. 아이는 자신의 삶과 관련 있는 이야
기나 책, 사건은 좀 더 쉽게 기억한다. 따라서 글을 읽을 때 배경지식을
떠올리도록 유도하면 아이의 생각이 깊어지고 책을 재밌게 읽을 수 있

다. 훗날 어른이 되어서도 계속 독서를 즐기게 될 것이다.

탈무드에 "모든 풀의 잎사귀에는 '자라라, 자라라'라고 속삭여 주는 천사가 있다"는 말이 있다. 아이가 글과 자신의 삶을 연결지을 수 있도록 도와주고, 아이의 말을 존중하면서 기쁜 마음으로 귀 기울여 주면 여러분도 아이한테 '자라라, 자라라'라고 속삭여 주는 풀잎의 천사가 될 수 있다.

·아이들은 이렇게 말해요·

책과 자신

"뜻을 모르는 단어를 봤어요. 『개구리와 두꺼비가 함께Frog and Toad Together』라는 책을 볼 때였어요. 나는 '함께'라는 말이 무슨 뜻인지 몰랐어요. 그러다 개구리와 두꺼비처럼 엄마 아빠가 함께 재미있는 일을 하는 것이 생각났어요. 그러니까 '함께'라는 말이 무슨 뜻인지 알게 되었어요."

"『예쁘고 예쁜 나무 집My Sweet Sweet Tree House』이라는 책을 읽을 때 배경지식이 도움이 되었어요. 언니와 언니 친구들이 나를 자기들 놀이방에 들어오지 못하게 한 적이 있어서 나무 집에 들어가지 못할 때 기분이 어떤지 이해할 수 있어요."

책과 책

"게일 카슨 레빈의 『마법에 걸린 엘라Ella Enchanted』를 읽을 때 주인공이 '저주'를 타고났다는 것을 알았어요. 주인공은 평생 복종을 해야 한다는 그 '저주'와 싸워야 했어요. 그런데 요정이 내린 저주를 가지고 산다는 내용에서 『잠자는 숲속의 공주』가 생각났어요. 잠자는 숲속의 공주는 바늘에 찔려 잠이 들어요. 그 이야기가 떠오르자 엘라의 상황을 이해하기가 한결 쉬워졌어요."

"나는 미국의 식민지 시대가 지루하고 재미없었을 거라고 생각했어요. 그런데 진 프리츠가 쓴 『좋은 생각이 있어, 벤저민 프랭클린What's the Big Idea, Ben Franklin』이라는 전기를 읽게 되었어요. 벤저민 프랭클린은 어려서부터 수영을 좋아했대요. 그래서 처음에는 물에서 앞으로 갈 수 있는 프로펠러도 발명했대요. …… 그다음에 로버트 로슨이 쓴 『벤과 나Ben and Me』라는 책에서 벤저민 프랭클린이 전기를 연구하기 시작한 부분을 읽었어요. 미리 배경지식을 가지고 있었기 때문에 벤저민 프랭클린이 발명을 좋아했다는 내용이 떠올랐어요. 먼저 읽은 책에서 배운 사실이 두 번째 책에 있는 정보를 이해하는 데 도움이 되었어요."

엄마 아빠 이렇게 해 주세요 ─────────────────

취학 전 단계

이 단계의 아이는 글에 대한 연결 고리를 찾도록 유도하기가 비교적 쉽다. 이 무렵의 아이들은 '나도 할래'라는 말을 입에 달고 살면서 여러분이나 형제자매를 흉내 내고 싶어 한다. 그래서 책장을 넘길 때마다 배경지식을 쌓고, 같은 책을 몇 번이고 되풀이해서 읽어 달라고 하기도 한다. 이 무렵의 아이는 같은 책을 여러 번 읽으면서 어떤 곳에 무슨 글자가 있는지 기억한다. 그래서 여러분이 책을 읽다가 한 쪽을 빠뜨리면 아이는 금세 그 사실을 지적할 것이다.

아주 어린 아이도 책 속의 글과 생각, 그림을 자신의 삶과 연결지을 줄 안다. 아이가 책을 읽다 말고 호수에서 배가 출렁이는 모습을 봤다거나 꽃에 벌이 날아와 앉는 것을 봤다고 떠들 때, 아이가 책에 대한 집중력이 부족하다고 고민할 필요가 없다. 그것은 오히려 좋은 징조이다. 책의 내용과 현실을 연결짓는 것은 훌륭한 독자의 태도다. 이럴 때는 여러분도 책의 내용과 관련 있는 배경지식을 아이한테 이야기해 주는 것이 좋다.

어린아이들은 도널드 크루스의 『지름길』에 나오는 기차 소리를 좋아한다. 아이와 함께 책을 읽으면서 칙칙폭폭, 꽥액 하는 기차 소리를 흉내 내어 보자. 그리고 이런 대화를 나누어 보자.

"'지름길을 따라 집에 가기로 했다'는 글을 읽으니까 네가 다리가 아팠을 때 교회 주차장을 지나 집에 훨씬 더 빨리 도착했을 때가 생각나는구나. 너는 많이 걷지 않아도 된다며 좋아했어. 이 책에 나오는 아이들처럼 우리도 집에 오는 시간을 절약할 수 있었지.

그리고 그때 경험을 생각하니까 내가 어렸을 때 친구들과 놀던 때도 떠오르는구나. 그때 나는 저녁 식사 시간에 늦어서 인도를 따라서 집으로 가는 대신 폐허가 된 집터를 지나가기로 했어. 그곳에는 잡초가 내 허리까지 자라 있었고 땅이 울퉁불퉁해서 걷기가 힘들었어. 나는 가슴이 쿵쿵 뛰기 시작했어. 할머니가 그곳에는 뱀도 있고 깨진 유리도 있다고 말씀하신 게 생각났거든. 집에 도착할 때까지 뱀은 못 봤지만, 너무 무서워서 그 뒤로는 그곳에 한 번도 안 갔어.

이렇게 지름길에 대한 추억을 떠올려 보니까 책 속에서 철길에 있는 아이들이 무서운 일을 당하지 않을까 걱정이 되는구나. 너는 아이들이 어떻게 될 거라고 생각하니?"

이렇게 책의 내용을 자신의 생활과 연결짓다 보면 책의 다음 내용을 예측하고, 감정 이입을 할 수 있으며, 더 깊이 이해할 수 있다.

저학년 단계

여러분은 글을 읽을 때 과거 경험을 떠올리거나 자신의 삶과 연결지어야 한다는 것도 알려 주어야 하지만, 동시에 배경지식이 부족하면 글을 이해하기가 힘들다는 것도 가르쳐 주어야 한다. 이 단계의 아이에게는 책을 읽을 때마다 배경지식을 쌓는 모습을 보여 주자.

잰 앤드루스의 『제일 마지막의 첫 번째Very Last First Time』는 해저에서 홍합을 찾는 모험담을 그린 책이다. 캐나다 북부에 사는 에바라는 어린 소녀는 얼음 구멍으로 들어가 홍합을 딴다. 만약 여러분이 온통 육지로 둘러싸인 곳에 산다면 얼음 밑으로 썰물이 빠져나갔을 때 어떤 일이 벌어지는지에 대한 배경지식이 없으므로 에바의 생활을 상상하기가 쉽지 않을 것이다. 그럴 때는 아이한테 이렇게 말할 수 있다.

"나는 이 부분을 이해 못 하겠어. '에바는 이누이트족이었고, 아주 어렸을 때부터 어머니와 함께 바다 밑을 걸어 다녔다. 마을 사람들은 겨울에 홍합이 먹고 싶으면 바다 밑바닥을 걸어 다녔다.' 바다 밑을 어떻게 걸어 다니지? 책 속의 그림을 보니까 이 마을 사람들은 잠수복도 안 입었는데 말이야. 너는 이해할 수 있니? 어떻게 바다 밑을 걸어 다닐 수 있는지 책을 계속 읽어 보자. 이럴 때는 작가가 남겨 놓은 실마리를 찾아내야 해. 어디 실마리가 있는지 볼까?"

그들은 알맞은 시간에 나간다. 썰물 때가 되어 바닷물이 빠져나가면 두꺼운 얼음 아래로 내려가 바다 밑바닥을 돌아다닌다.

– 잰 앤드루스, 『제일 마지막의 첫 번째』

"새로운 걸 알았다! 이제는 에바가 어떻게 바다 밑바닥을 걸어 다니는지 알겠어. 정말 굉장하구나. 하지만 무서울 것 같아."

여러분은 다시 글을 읽어 나간다. "파도가 요란하게 몰아치고 얼음이 움직이면서 삐걱삐걱 소리를 냈다."

여기서 '파도가 다시 밀려오기 전에 에바가 무사히 나올 수 있을까?'라고 질문해 볼 수 있을 것이다.

아이한테 여러분의 생각을 이야기해 줄 때는 아이의 생각도 물어야 한다. 그래야 아이는 배경지식을 쌓는 법도 배우고 글의 내용을 더욱 깊이 이해하는 법도 배운다.

고학년 단계

아이가 좀 더 긴 책을 보게 되면, 글자가 너무 많아서 지레 겁을 먹을 수도 있다. 그래서 지루하고 재미없다는 핑계로 책을 외면하기도 한다. 사실 복잡한 이야기 전개를 따라간다는 것이 쉬운 일은 아니다. 그러다 보면 책에 집중하기가 힘들어진다.

이런 아이들한테는 도움이 필요하다. 긴 책에 집중하기 위해서는 배경지식이 필요하다. 책 속의 상황이나 등장인물을 자신의 일상생활과 연결지으면 책에 빠져들 수 있는 집중력이 생긴다.

아이가 책을 끝까지 읽었다 해도 책과 일상생활을 연결짓는 과정이 필요하다. 아이와 함께 한 장이나 한 쪽, 한 문단씩 번갈아 읽고, 책의 내용과 일상생활을 연결지을 수 있는 부분에 표시를 해 두자. 그리고 그 부분과 관련된 여러분의 배경지식을 이야기하고 아이에게도 똑같이 하

· 배경지식을 쌓는 데 도움이 되는 책 1 ·

그림책

어서 오세요 만리장성입니다 | 이정록 | 킨더랜드

봄 여름 가을 겨울 | 헬렌 아폰시리 | 이마주

나무늘보가 사는 숲에서 | 아누크 부아로베르 | 보림

괴물들이 사는 궁궐 | 무돌 | 노란돼지

우리 여기 있어요, 동물원 | 허정윤 | 킨더랜드

동화책

책과 노니는 집 | 이영서 | 문학동네

구멍 난 벼루 | 배유안 | 토토북

강을 건너는 아이 | 심진규 | 천개의바람

맞바꾼 회중시계 | 김남중 | 토토북

우리말 모으기 대작전 말모이 | 백혜영 | 푸른숲주니어

도록 유도한다. 인터넷의 즐겨찾기처럼 과거의 경험을 떠오르게 한 부분에 표시하자.

읽으면서 자신의 경험을 이야기하고 연결 고리를 찾고 기억을 떠올릴 수 있는 책으로, E. L. 코닉스버그의 『클로디아의 비밀』을 들 수 있다. '완벽한 가출'을 시도하려는 두 아이의 모험이 흥미를 불러일으키는 책이다. 이 책의 주인공인 남매는 집을 나와 뉴욕 메트로폴리탄 미술관에 숨어 들어가고, 거기서 미술관의 비밀을 파헤친다. 남매는 낮에는 미켈란젤로에 대해 조사하고 소풍 온 아이들과 함께 미술관 구경도 한다. 그

리고 밤이면 박물관 분수에서 목욕하고, 분수 바닥에 떨어진 동전을 주워 음식값과 차비 그리고 세탁비로 쓴다.

다음은 자신의 일상생활과 연결짓기에 좋은 예이다.

클로디아는 뚜껑 없는 대리석 석관 속에 바이올린 가방을 숨겼다. 그 석관은 클로디아의 눈높이보다 훨씬 높은 곳에 있었기 때문에 에이미가 클로디아를 들어 올려 가방을 그 안에 넣도록 해 주었다. 그 석관은 아름답게 조각된 로마 시대의 관이었다

— E. L. 코닉스버그, 『클로디아의 비밀』(비룡소, 2002)

이 부분을 읽은 다음에는 이런 대화를 할 수 있다. "몇 년 전에 이집트 예술품 전시회에 갔던 것 기억나니? 거기서 석관을 봤잖아. 미라를 넣어 두는 상자 기억나? 그때를 떠올리면 책 속 아이들의 모습을 쉽게 상상할 수 있을 거야. 클로디아는 석관 속에 바이올린 가방을 숨겼어. 석관 속을 들여다봤던 거 기억나니? 그 일을 생각하니까 내가 마치 지금 제이미와 함께 무덤 옆에 서 있는 것 같은 기분이 드는구나."

이 단계의 아이와 함께 이런 대화를 나누면 아이는 자신의 경험과 기억, 지식을 이용해 책에 대한 이해력을 높이는 과정을 터득하게 될 것이다.

아이들한테 연결 고리로 삼을 경험이나 지식이 부족할 때는 어떻게 할까? 물론 아이들한테는 연결 고리로 삼을 경험과 지식이 충분히 있다. 단지 그렇다는 사실을 모를 뿐이다. 아이들은 한국전쟁에 대해서 아는 것이 없을지 몰라도 갈등에 대해서는 알 것이다. 그러면 거기서부터 토론을 시작하면 된다. 갈등을 알면 갈등이 나라를 분열시켰다는 것을 이해할 수 있다. 그런 다음 한국전쟁에 대한 흥미로운 읽을거리를 주어서 필요한 배경지식을 쌓도록 도와준다. 지금의 목표는 아이들에게 많은 이야기와 정보를 제공해서 학습에 대한 욕구를 키워 주는 것이다.

배경지식을 활용하는 법을 배운 아이는 글에 자신의 경험을 연결지을 줄 안다. 그리고 스스로 글을 이해하기 시작한다. 자신이 글을 이해하는지 또는 배경지식이 부족해서 글을 이해하지 못하는지도 자각할 줄 안다. 그런 아이들이 좋은 독자일 뿐만 아니라 글과 자신의 경험을 연결지어 이야기함으로써 다른 친구들이 글을 이해하도록 도와주는 역할도 할 수 있다.

실습 시간

다음은 크리스가 초등학교 3학년 아이들과 배경지식을 주제로 가졌던 실습 시간의 사례이다.

일주일 정도 배경지식을 공부한 3학년 아이들은 다음과 같은 정의를 내렸다. "배경지식은 책을 읽을 때 떠올리는 우리의 경험, 기억, 지식이다."

- 무엇을 읽든 배경지식을 떠올려 보자. 여러분의 기억과 경험은 읽고 있는 글을 이해하고 적절히 반응하는 데 반드시 필요한 요소이다.

- 자신이 알고 있는 것을 충분히 활용해서 새로 배우는 정보가 기억 창고에 찰싹 달라붙게 한다.

- 기억력을 높이고 즐거운 책 읽기를 위해 연결 고리가 되는 부분은 표시한다.

- 단순히 종이에 적힌 글자를 읽는 것에서 그치지 말고 배경지식을 활용하여 과거의 경험과 기억을 떠올리고, 비슷한 내용의 책이나 영화를 생각해 보고, 주변 세상과 연결지을 수 있는 연결 고리는 없는지 생각해 보자.

- 읽고 있는 글을 이해하는 데 필요한 정보가 부족하다면 새로운 배경지식을 찾아서 쌓는다. 글을 이해할 수 있을 때까지 외부의 도움(교사, 친구, 전문가, 사전, 백과사전, 참고 도서 등)을 구한다.

- 배경지식은 사고 전략의 초석이다. 배경지식을 활용하는 법을 터득하고 나면 더 자세한 이미지가 떠오르고, 더 깊이 있게 질문하게 되고, 사고의 폭도 넓힐 수 있다.

아이들은 자신과 연결지을 수 있는 부분이 나오면 표시하게끔 했다. 나는 아이들에게 책과 자신의 연결 고리를 글로 적도록 유도했다. 공책을 세로로 반을 접어 한쪽에는 책에 나온 단어나 문장을 쓰고, 다른 쪽에는 그 단어나 문장에서 떠오른 배경지식을 적게 했다.

나는 플라이 낚시로 물고기를 잡았다가 놓아주는 이야기를 담은 앨런 세이의 『꿈의 강A River Dream』을 읽기 시작했다. 책 속의 등장인물인 소년 마크가 꿈에서 침실 창문을 빠져나오자, 놀랍게도 눈에 익은 거리가 낚시꾼의 천국인 굽이쳐 흐르는 강으로 변한다.

> 기억해. 너는 고기를 낚으려고 온 게 아니야. 곧 알게 될 거야. 물고기를 보면 미끼를 잡고, 낚싯대를 들어 올리고……
>
> ― 앨런 세이, 『꿈의 강』

나는 읽기를 멈추고 가족과 함께 몬태나주에서 플라이 낚시를 한 경험을 이야기했다.

"이 글을 읽으니까 내 친구 에릭이 하류에 있는 두 개의 둥근 돌 사이에서 휘몰아치는 소용돌이를 보라고 했던 때가 생각나는구나. 그는 두 개의 돌 사이가 송어가 제일 좋아하는 은신처라고 했어. 나는 그가 목표한 지점에 인조 미끼를 단 낚싯줄을 가볍게 던지는 것을 지켜봤어. 처음에는 물살에 아무런 변화도 없는 것 같았는데, 갑자기 쉭 하고 물이 솟구치더니 에릭이 낚싯줄을 잡아당겼어. 근사한 송어를 잡은 거야! 그때를 떠올리니까 『꿈의 강』에서 플라이 낚시를 하는 장면을 이해할 수 있을 것 같아. 멋진 송어를 잡는 것은 쉬운 일이 아니야.

지금처럼 책을 읽을 때는 책 속의 내용을 자신의 생활이나 경험과 연결할 수 있는지 늘 염두에 두도록 해. 그리고 연결지을 수 있는 부분은 표시해서 내일 수업 시간에 가지고 오렴. 그래서 나와 함께 책을 읽으면서 그 부분에 대해 토론하자. 나는 자신의 생활과 연결지은 부분이 책을 이해하는 데 얼마나 도움이 되는지 알고 싶단다. 그럼 지금부터 책을 읽도록 하자."

그러자 아이들은 각자의 책을 읽기 시작했다.

그다음 날 두 번째 실습 시간에 우리는 배경지식을 얻은 부분을 다시 읽었고, 다음과 같은 것을 경험했다.

- 우리는 저마다 다른 배경지식을 활용하기 때문에 같은 책을 읽어도 서로 다른 생각을 할 수 있다.
- 책의 내용이 머릿속으로 들어오면 각자의 생각이 더해져서, 책에 대한 느낌을 글로 쓸 때 저마다 다른 느낌을 적는다.
- 책을 읽을 때마다 새로운 배경지식이 생긴다.
- 이 책에 나오는 등장인물이 다른 책의 등장인물을 떠올리게 할 때가 있다. 하나의 배경지식을 다른 상황에 적용하면 책 속의 내용을 더욱 잘 이해하는 데 도움이 된다.
- 배경지식을 활용하면 좋은 책을 선택할 수 있다.

나는 이렇게 말했다.

"오늘은 책과 자신을 연결지은 연결 고리에 대해 글로 써 보자. 어젯밤에 나는 『꿈의 강』에서 내가 표시한 두 부분에 대해 생각해 봤어. 그 중에 이 책을 이해하는 데 가장 많은 도움이 되었던 부분을 선택해서 내 생각을 적어 보았단다."

나는 반으로 접은 공책 왼쪽에는 책의 내용을 옮겨 적고, 오른쪽에는 내 생활과 연결지은 내용을 적어 아이들에게 보여 주었다.

"어느 쪽의 내용이 더 많지?"

앨리슨이 손을 들고 대답했다.

"생각을 적은 쪽이 더 많아요!"

나는 미소를 지었다.

"그래. 언제나 생각을 적은 쪽이 많단다."

나는 『꿈의 강』을 폈다.

"'그래서 마크는 지느러미가 꿈틀댈 때까지 물고기를 앞뒤로, 앞뒤로 흔들었다'라는 부분을 읽을 때 오래전에 갔던 낚시 여행이 생각났어. 그래서 이렇게 적어 보았지."

나는 친구 달린이 몬태나주의 빅혼 강에서 플라이 낚시하는 법을 가르쳐 주었기 때문에 물고기를 잡았다가 놓아주는 낚시에 대해 잘 안다. 그때 우리는 배를 타기 전에 땅 위에서 낚싯줄 던지는 연습을 했다. 달린은 가짜 미끼를 낚싯줄에 다는 법을 내게 가르쳐 주었다. 우리는 물고기가 낚이길 기다리며 물속에 떠다니는 가짜 미끼를 몇 시간씩 쳐다보다가 물고기가 미끼를 물면 얼른 낚싯줄을 잡아당겨 감았다.

그물망으로 물고기를 잡은 다음에는 사진을 찍고 물고기를 다시 강물로 돌려보내 주었다. 우리는 물고기가 상류로 향하도록 물에 놓아주고 정신을 차려서 헤엄쳐 갈 수 있을 때까지 물고기의 몸을 흔들었다. 그럴 때마다 달런은 "내년에 또 잡아 줄게"라고 말했고, 정말 그렇게 했다!

"이 책은 내가 정말 이해하기 쉬웠어. 『꿈의 강』에 나오는 마크의 삼촌처럼 우리 가족 역시 낚시의 진짜 목적은 물고기를 잡는 데 도전하는 것이라고 믿었거든. 그래서 일단 물고기를 잡고 나면 다시 돌려보내 주었어. 그런데 낚시를 한 번도 안 해 본 사람은 어떨까? 그런 사람도 이 책을 보고 자신의 생활과 연결을 짓고 이 책을 잘 이해할 수 있을까?"

아이들이 책의 내용과 연결지을 수 있는 자신의 경험을 찾아내면서 생생한 토론이 이어졌다. 마이클은 곰이 등장하는 산불 조심 캠페인을 떠올리면서 강을 처음 발견했을 당시의 모습 그대로 두라고 한 마크네 삼촌의 말과 연결지었다. 마이클은 자연보호라는 관점에서 물고기를 잡았다가 다시 놓아주는 낚시의 목적을 더욱 깊이 이해하게 되었다.

아이들은 여러 가지 책을 읽으면서 연결지을 수 있는 것들을 찾아내어 글로 옮겼다. 자신이 찾아낸 연결 고리를 이야기하는 발표 시간에 신시아가 발표했다. 신시아는 책의 내용을 옮겨 적는 칸에 제인 욜런의 『부엉이와 보름달』에 나오는 '서로 바라보았습니다'라는 문장을 적었다. 그리고 자신의 생각을 적는 칸에는 다음과 같이 썼다.

아침에 초인종 소리가 들렸다. 나는 아래층으로 내려갔다. 엄마가 먼저 현관문을 열었다. 나는 엄마 옆으로 갔다. 문밖에는 카메라를 든 여자가 서 있었다. 여자는 흥분한 것 같았다. 여자는 차를 타고 지나가다가 우리 마당을 보게 되었다고 했다. 그런데 우리 집 담에 커다란 부엉이가 있는 것을 보았다고 했다. 그러면서 부엉이 사진을 찍어도 되겠냐고 물었다. 그러자 엄마는 "플라스틱 부엉이 사진을 찍고 싶다면 그렇게 하세요"라고 대답했다.

신시아의 기억은 욜런의 책이 말하려는 핵심과 연결지을 수 있는 것이었다. 책 속에서 추운 겨울밤 부엉이를 구경하러 가는 것도 부엉이 사진을 찍기 위한 것이었다.

부엉이가
나뭇가지에 내려앉자
아빠는
커다란 손전등으로
부엉이를 비추었습니다.
일 분,
삼 분,
어쩌면 백 분이었는지도 모릅니다.
부엉이와 우리는 서로 바라보았습니다.
- 제인 욜런, 『부엉이와 보름달』(시공주니어, 2000)

이제 나는 『부엉이와 보름달』을 읽을 때마다 신시아의 플라스틱 부엉이 이야기도 같이 떠오를 것이다. 하나의 이야기는 또 다른 이야기를 떠오르게 한다. 그리고 이미 알고 있는 이야기나 경험을 떠올리면 현재 읽고 있는 글의 내용을 이해하기가 한결 쉬워진다.

이런 질문을 해 주세요

여러분이 지도하는 아이들은 현재 읽고 있는 글을 이해하기 위해 이미 가지고 있는 배경지식을 떠올리는 법을 터득하였는가? 다음과 같은 질문을 하면 배경지식을 활용하는 과정을 좀 더 쉽게 익힐 수 있다.

- 책을 읽기 전에 이미 알고 있는 것을 떠올리기 위해 어떻게 하는지 말해 보렴. 책 읽을 준비를 할 때 어떻게 하는지 친구들한테 이야기해 줄래?
- 이 문단을 읽을 때 너의 경험이나 생활이 떠올랐니? 네가 이미 알고 있는 것이 이 문단을 이해하는 데 얼마나 도움이 되었다고 생각하니?
- 너는 방금 (토론한 내용)에 대한 배경지식을 얻었어. 이 책을 읽기 전에는 몰랐던 것 중에서 새로 알게 된 것을 말해 볼래?
- 시는 어떻게 구성되어 있지? 시의 구조에 대한 배경지식이 시를 이해하는 데 얼마나 도움이 된다고 생각하니?
- 책의 내용과 연결지을 수 있는 것을 많이 찾아냈구나. 이 연결 고리

들 중에 이 책을 이해하는 데 도움이 되는 것은 어떤 것이 있니? 네가 찾아낸 연결 고리들을 볼 때 배경지식이 꼭 기억해야 할 중요한 요점들을 찾아내는 데 도움이 된다고 생각하니?

• 잘했어! 이 두 책을 서로 연결지을 수 있다는 것을 찾아냈구나. 하나의 책을 이해하는 데 또 다른 책에 대한 지식이 왜 필요할까?

• 네가 이미 알고 있는 것을 떠올리는 것이 이 단어의 뜻을 이해하는 데 어떻게 도움이 되었니?

• 이 시리즈의 앞을 읽었기 때문에 뒤편을 이해하는 데 도움이 되었다고 생각하니? 어째서 도움이 될까?

• 너의 개인적인 기억을 떠오르게 하는 단어에 밑줄을 쳤구나. 너의 경험이나 기억을 떠올리니까 이 책을 이해하기가 한결 쉬워졌니? 작가가 적어 놓은 글보다 더 많은 생각이 떠올랐니? 어떤 새로운 생각이 떠올랐니? 이 책을 읽고 무엇을 배웠니?

• 이 책의 뒷부분에서 어떤 일이 벌어질지 예측하는 데 배경지식이 도움이 되었니? 배경지식이 그런 도움을 주었다는 것을 친구들한테 이야기해 줄래?

• 이 책에 나오는 정보와 너의 과거 경험을 이야기해 주어서 고맙다. 책의 내용을 너의 생활과 연결지으면서 너는 질문이 하나 생겼어. 이처럼 질문은 우리가 이미 알고 있는 것이나 경험한 것을 토대로 떠오르는 경우가 많아. 너의 질문을 오늘 친구들과 함께 토론해 보자.

• 너는 이 단어들과 연관된 기억을 이야기했어. 이 책 속의 장면이 머릿속에 떠오르니? 네가 읽는 책의 장면을 머릿속에 이미지로 떠올

리는 데 배경지식이 얼마나 도움이 된다고 생각하니?

- 보고서를 쓸 때는 너의 글을 읽는 독자를 위해 배경지식을 담아야 해. 너는 어떤 정보를 실을 생각이니? 너의 글을 읽는 독자가 알고 이해해야 할 것은 무엇일까?

- 배경지식을 떠올리고 활용한 덕분에 이 부분을 좀 더 깊이 이해할 수 있게 되었구나. 이 수업을 함께 듣지 않은 사람한테 배경지식을 활용하는 것이 얼마나 도움이 되는지 설명하려면 어떻게 해야 할까?

선생님과 학부모가 함께 노력해요

- 배경지식 학습에 대한 통신문을 발송한다. 학부모와 아이가 학교에 함께 오는 날을 정해 아이들이 책을 이해하는 데 배경지식이 얼마나 도움이 되는지 서로 이야기할 수 있는 시간을 마련한다.

- 학생, 교사, 학부모가 한자리에 모여 각자의 전문 분야에 대한 지식을 나눈다. 모임을 만들어 정보를 발표하고 교환하면 사진부터 스쿠버다이빙에 이르기까지 다양한 분야의 배경지식을 습득할 수 있다.

- 부모와 아이가 함께 읽을 수 있는 이야기나 글을 숙제로 내준다. 가정에서는 숙제로 내준 글 중에서 자신의 배경지식을 떠올리게 하는 부분에 여러 가지 색의 색연필로 밑줄을 치고 여백에는 글과 연결 지을 수 있는 자신의 경험이나 기억을 적는다.

제 4 장

육하원칙에 따라 질문하며 읽기

독서습관 3

질문하라

정말 중요한 질문에는 미리 정해진 답이 없는 것 같다. 하지만 그 답을 찾는 과정에는 치유의 힘이 있다. 답은 생각을 그만두게 하고 궁금증도 사라지게 한다. 인생은 스쳐 가는 사건들의 연속이다. 대답 없는 질문은 좋은 길동무이다. 대답 없는 질문은 길을 살피는 눈을 날카롭게 만들어 준다.

－ 레이철 나오미 레멘 의학박사

　이 장에서는 질문의 중요성에 대해 살펴보기로 하자. 질문은 글을 읽는 사람과 글과의 대화는 물론, 대화의 폭을 넓히는 데 없어서는 안 될 요소이다. 글을 읽는 사람은 질문을 통해 자신의 생각을 분명히 하고 이해력을 높일 수 있다.

그는 어린 소녀와 함께 왔다. 소녀는 자신이 제일 아끼는 드레스를 입었다. 자세히 보면 소녀가 그 옷을 얼마나 정성껏 관리했는지 알 수 있다. 다른 사람들은 그 드레스가 작년만 해도 다른 소녀의 것이었다는 것을 알아차렸다. 해가 떠 있을 때는 축제 기분이 났다. 하지만 지금은 모두들 집으로 돌아갔다. 풍선 장수들은 그날 번 돈을 헤아리고 있었다. 해도 집으로 돌아가는 사람들을 따라 구름 뒤로 숨어 버렸다. 그래서 그가 어린 소녀를 데리고 봄의 즐거움을 느끼고 신선한 부활절 햇볕에 몸을 녹이러 나왔을 때는 주위가 황량하고 쓸쓸해 보이기까지 했다.

하지만 소녀는 기뻤다. 두 사람 모두 그렇게 보였다. 그들은 여러분이 아직 그 개념조차 모르는 겸손을 알고 있었다. 비교도 하지 않고, 더 나은 것이나 더 많은 것을 원하지도 않는 겸손 말이다.

— 다그 함마르셸드, 『기억에 남는 것들Markings』

『기억에 남는 것들』은 전 유엔 사무총장 다그 함마르셸드가 1925년부터 1961년까지 기억에 남는 일이나 관찰하고 생각한 것을 적은 글을 수록한 책이다.

위에 옮긴 글을 보고 나는 많은 질문이 떠올랐다. 어린 소녀는 누구일까? 소녀는 몇 살일까? 소녀의 아버지는 누구일까? 함께 온 그가 소녀의 아버지일까? 그러면 소녀의 어머니는 어디 있을까? 왜 두 사람은 남들이 모두 떠난 후에 축제에 왔을까? 소녀의 드레스에 대해 눈치챈 다른 사람들이란 누구일까? 어째서 소녀는 남이 입던 헌 드레스를 입었을까? 남자와 소녀는 남들 눈에 띄는 것이 싫어서 늦게 온 걸까? 두 사람은 어떻게 해서 '여러분은 아직 그 개념조차 모르는 겸손'을 알게 되었을까?

나는 특히 아버지와 딸로 보이는 두 사람의 관계에 호기심이 생겼다. 어쩐지 그 어떤 불행이 두 사람을 더욱 친밀하게 만들었다는 느낌이 들었다. 함마르셸드는 이미지를 그렸고, 독자인 우리는 그 이미지를 해석해야 한다. 저 두 사람이 있는 곳은 어디일까? 축제에 있을까? 공원에 있을까? 저 두 사람은 부활절 행사에 가고 싶었는데 남들의 이목을 끌지 않고 겸손하게 즐기려고 한 것일까? 함마르셸드의 고향인 스웨덴에서 있었던 일일까, 아니면 다른 곳에서 있었던 일일까?

그 밖에도 나는 알고 싶은 것이 많았다. 어린 소녀는 어떻게 생겼을까? 소녀의 아버지는? 내 머릿속에는 책 속의 장면이 생생하게 떠올랐다. 아버지는 키가 크고 호리호리하다. 소녀는 긴 금발 머리이고 두 사람은 손을 붙잡고 둘만의 세상에 있는 것 같다. 두 사람이 어떤 환경(겸손을 알고 있어야 하는 환경)에 처해 있기에 함마르셸드가 '하지만 소녀는 기뻤다. 두 사람 모두 그렇게 보였다'라고 생각했을까?

– 수전 짐머만

질문은 곧 생각이다

질문은 독자가 글에 더 깊이 파고들고, 작가와 대화를 시도하게 하고, 관심을 불러일으키게 한다. 글을 읽으면서 질문을 한다는 것은 깨어 있고, 생각을 한다는 뜻이다. 글과 상호 교류를 한다는 뜻이다. 함마르셸드의 앞의 글은 대답보다 질문을 더 많이 불러일으킨다.

수전은 우선 글 속의 등장인물들에 대해 단순하고 직설적인 질문을 던졌다. 그런 다음 글 속의 배경과 그 배경 속에 있는 다른 사람들에 대해 질문했다. 그리고 점차 남자와 아이가 처한 상황으로 관심의 폭을 넓혔다. 그들이 어떤 상황에 처해 있는지 수전은 단지 짐작만 할 수 있을 뿐이다. 앞의 글에는 그 질문들에 대한 답이 하나도 없다. 그런데도 불구하고 수전은 그 질문들을 통해 글 속의 장면을 좀 더 자세히 상상할 수 있게 되었고 등장인물에게 감정 이입도 하게 되었다. 질문할수록, 비록 답을 얻을 수 없다 해도 독서의 깊이와 재미는 점점 깊어진다.

질문은 좋은 독자의 필요조건

아인슈타인은 말년에 많은 시간을 연구실에서 보냈는데, 양손을 등 뒤로 맞잡고 알 수 없는 소리를 중얼거리며 돌아다니곤 했다. 동료들은 그런 아인슈타인이 몹시 걱정되었다. 그러던 어느 날 한 동료가 용기를 내어 아인슈타인에게 다가갔다. 그는 유심히 귀를 기울인 덕분에 아인슈타인이 뭐라고 중얼거리는지 들을 수 있었다. 아인슈타인은 이렇게 중얼거렸다. "제대로 된 질문만 할 수 있다면." 아인슈타인도 대답을 찾기보다 깊이 있는 질문, 제대로 된 질문을 해야 새로운 연구 분야를 개척할 수 있다는 사실을 알고 있었던 것이다.

여러분의 자녀는 질문 박사다. 세상을 알아가는 과정에 있는 아이들은 주변의 모든 것이 궁금하다. "하늘에는 왜 구름이 있어? 풀은 어떻게 자라? 눈은 왜 하얘? 거위는 왜 꽥꽥 울어? 물고기도 잠을 자? 참새는 몸무게가 얼마나 돼?" 부모는 이런 끝도 없는 질문에 어떻게 대답을 해 줘야 할지 몰라 난감할 때가 많다. 그래서 결국은 말머리를 돌리거나 궁색한 변명으로 질문을 피하곤 한다. 하지만 이런 질문은 아이가 얼마나 똑똑한가를 보여 주는 증거이다. 아이가 질문을 퍼붓는 것은 세상을 알기 위해서다. 자기 주변의 모든 것이 왜 그 자리에 그렇게 있는지 궁금해서 질문하는 것이다. 아이들은 위대한 과학자에 버금가는 호기심을 타고난다. 부모라면 자신은 답을 몰라도 아이가 정말로 궁금해 하는 것들을 질문할 수 있도록 이끌어 주어야 한다.

15세 소녀 소피와 정체불명의 철학자가 주고받는 편지를 통해 서양 철학을 파헤치는 요슈타인 가아더의 『소피의 세계』에서 작가는 "훌륭한 철학자가 되기 위해 필요한 오직 한 가지는 놀라워할 줄 아는 능력이다"라고 적고 있다.

놀라워할 줄 아는 능력 중 가장 중요한 것이 호기심이다. 호기심은 상상력과 궁금증을 자극한다. 질문을 하는 것은 자신의 주변에 관심을 갖고 호기심을 갖기 때문이다. 질문을 하는 것은 세상을 이해하는 과정이다. 이는 위험을 감수하고 뚜껑을 여는 행동에 비유할 수 있다. 질문을 하는 것은 열정을 가지고 호기심을 충족하는 과정이다. 질문은 참여이다. 질문은 진정한 인간이 되기 위한 기본 요소이다. 그리고 좋은 독자가 되기 위해 꼭 필요한 조건이다.

아이가 질문을 하도록 유도한다

옛날 책부터 시작하자. 먼저 책의 표지를 찬찬히 살펴보자. 어떤 질문이 떠오르는가? 예를 들어, 로베르토 인노첸티가 그린 『백장미』의 표지를 보자. 어떤 질문이 머리에 떠오르는가? 소녀는 왜 저렇게 걱정스럽고 불안한 얼굴을 하고 있을까? 왜 소녀 뒤에서 군인들이 자고 있을까? 군인들은 왜 트럭에 타고 있는 걸까? 군인들은 머리에 붕대를 감고

있다. 그들은 어쩌다 다쳤을까? 군인들은 어디로 가고 있는 걸까? 소녀의 이름이 백장미일까? '백장미'는 무엇을 뜻하는 걸까? 소녀가 내다보는 창문 밖에는 무엇이 있을까?

책의 표지만 보고 여러분의 머릿속에 떠오른 질문들을 아이한테 이야기해 주자. 책을 읽으면 몇 가지 질문은 답을 찾을 수 있겠지만 답을 찾을 수 없는 질문도 있을 것이다. 아이한테 책을 읽기 전이든 읽으면서든, 그리고 읽은 후 어느 때든 질문을 해도 좋다고 알려 주자. 질문을 한다는 것은 책을 열심히 읽는다는 뜻이고, 책 속에 나온 생각이나 등장인물, 등장인물들의 관계, 사실에 호기심을 가지고 있다는 뜻이다. 이번에는 책의 표지 뒷면에 있는 글을 읽어 보자. "홀로코스트의 진실을 밝히고, 윤리와 동정심 그리고 정직함이 살아 있는 삶을 그린 작품"이라고 적혀 있다. 이런 설명을 보면 아이는 "홀로코스트가 뭐야?"라고 질문할 수도 있다. 그러면 여러분이 아는 대로 설명해 주자. 아직 책을 한 글자도 안 읽었는데 이미 아이와 함께 책에 대한 대화를 시작한 것이다.

이렇게 함으로써 질문을 하는 것이 책을 깊이 이해하는 데 도움이 될 뿐만 아니라, 필요한 정보를 수집해 책 읽을 준비를 할 수 있게 도와준다는 사실을 아이한테 가르쳐 줄 수 있다. 지금 여러분은 책 읽기가 단순히 종이에 적힌 글을 읽기만 하는 수동적인 과정이 아님을 가르쳐 주고 있는 것이다. 독서는 소파에 누워서도 할 수 있는 활동적인 운동이다. 다른 점이 있다면 다리를 움직이는 대신 두뇌를 움직인다는 것뿐이다. 물론 깊이 몰두하고 글과 대화를 해야 좋은 결과를 얻을 수 있음은 당연하다.

질문을 생각하면서 읽기

철학자 소크라테스는 한 번도 강연을 하지 않았다. 대신 그는 질문을 하고 토론했다. 소크라테스는 자신이 하는 일이 산파와 같다고 했다. 산파는 아기를 직접 낳지 않는다. 아기가 태어나도록 도와줄 뿐이다. 소크라테스는 사람들이 바른 생각을 끄집어낼 수 있도록 도와주는 것이 자신의 역할이라고 말했다. 여기서 바른 생각을 끄집어낸다고 표현한 것은 이미 그것이 각자에게 있다고 생각했기 때문이다.

아이가 제대로 된 질문을 하도록 이끌어 주면 집에서도 학습하고 탐구하는 환경을 만들어 줄 수 있다. 여러분의 머리에 떠오르는 질문을 아이한테 이야기해 줌으로써 책을 읽을 때 질문이 떠오를 수 있다는 것을 알려 줄 수 있다. 또 질문이 떠오르면 언제든 마음껏 질문할 수도 있다는 것을 가르쳐 줄 수 있다. "세상에 왜 악마가 있을까?"와 같이 쉽게 답을 찾을 수 없는 질문도 괜찮다. 중요한 것은 그런 어려운 질문을 던질 수 있는 자세다. 그런 질문을 통해 우리는 배운다.

아이들은 글을 읽으면서 자기만의 질문을 떠올릴 수 있고, 또 실제로 그렇게 한다. 그리고 그런 과정을 통해 독서 능력이 향상된다. 아이에게 자기만의 질문을 생각해 내는 법을 보여 주자. 다음은 『하얀 장미』의 도입부다.

그 여자아이 이름은 로즈 블랑슈였습니다. '백장미'라는 뜻이지요.
로즈 블랑슈는 좁은 길이 죽 이어서 있고, 오래된 분수가 있고, 높다란 집 지

붕 위에 비둘기들이 앉아 있는, 독일의 아주 작은 도시에서 살았습니다. 어느
날, 이 작은 도시에 트럭이 한 대 도착했습니다. 그 트럭을 타고 수많은 사람
들이 떠났습니다. 모두들 군복을 입고 있었습니다.

- 로베르토 인노첸티 그림, 『백장미』
(크리스토프 갈라즈 글, 아이세움, 2003)

이 글을 읽고 여러분은 이런 질문을 할 수 있다. 트럭이 왜 왔을까? 남
자들은 왜 떠났을까? 그들은 왜 군복을 입고 있었을까? 대수로운 질문은
아니지만 누가 가르쳐 준 것이 아니라 여러분 스스로 떠올린 질문이라는
것이 중요하다. 책을 읽으면 이 질문들에 대한 답은 찾을 수 있을 것이다.

책의 후반부로 가면 좀 더 깊이 있는 질문이 떠오른다.

순간, 로즈 블랑슈는 전기 철조망 담 앞에서 걸음을 멈추었습니다. 전기 철조
망 담 저편에는 아이들이 조용히 서 있었습니다. 모두 낯선 아이들이었습니
다. 가장 나이 어린 아이가 로즈 블랑슈에게 말을 건네왔습니다. 모두들 배가
고프다고 했습니다. 로즈 블랑슈는 마침 가지고 있던 빵 한 조각을 철조망
사이로 조심스럽게 건네주었습니다.

- 로베르토 인노첸티 그림, 『백장미』

아이들이 왜 철조망 뒤에 서 있었을까? 누가 이 아이들에게 그런 짓
을 했을까? 아이들은 왜 배가 고플까? 시간이 지날수록 사람이 타인을
얼마나 잔인하게 다룰 수 있는가, 그리고 인간에게 악마성이 존재하는

가와 같은 어렵고 깊이 있는 질문들이 떠오를 것이다. 이런 질문들은 정해진 답은 없지만, 토론과 깊이 있는 생각을 유도할 수 있다.

작가와 대화하기

아이들은 어떻게 질문을 시작해야 할지 모를 수도 있다. 그런 아이에게는 작가와 대화하는 법을 가르쳐 주자. 예를 들어, 아이와 함께 마거릿 와이즈 브라운의 『아기토끼 버니』를 읽고 있다고 가정해 보자. 여러분은 이렇게 말할 수 있다. "나는 작가에게 물어보고 싶은 게 많아. 아기토끼가 왜 엄마한테서 도망을 칠까? 아기토끼는 무엇을 찾으려는 걸까? 먼저 책을 읽어 보고 그다음에 작가한테 물어보고 싶은 질문에 대해 이야기해 보자꾸나."

책을 다 읽은 다음에는 이렇게 말할 수 있다. "아기토끼가 집으로 돌아와서 '휴……. 집을 떠나지 말고 엄마의 착한 아기토끼로 계속 남아 있을걸'이라고 말하는 것을 보니까 아기토끼의 마음이 변한 걸까? 이 이야기는 성장에 대한 이야기일까? 결국에는 집에 돌아가고 싶어진다는 이야기일까?" 아이에게 도망치는 아기토끼처럼 집에서 도망치고 싶냐고 물어보자. 그리고 여러분은 엄마 토끼처럼 아이가 가는 곳은 어디든 따라갈 것이라고 말해 주자. 아이에게 아기토끼가 도망칠 수 있을 만한 곳이 어디인지 물어보자. 아기토끼는 사막으로 도망칠 수도 있고, 우주로 도망칠 수도 있다. 책의 내용에 대해 재미있는 질문을 하고 대화를 나눠 보자. 질문할 때마다 책 속으로 더 깊이 빠져들게 될 것이다.

이해하기 위해 질문하기

다음의 시를 아이들에게 읽어 준다고 가정해 보자.

해님Sun

해님은
활활 타는 불꽃처럼
너무 뜨거워서
가까이 갈 수가 없네.
하지만 해님은
납작한
담요처럼
마룻바닥에
따뜻하고 네모나게
드러누워
그 위에서 고양이가 몸을 말고
그르렁대네.

　　　　　　　　　　　　　　－ 발레리 워스,『작은 시들』

이 시를 듣고 아이는 이렇게 말할 수도 있다. "해님은 너무 뜨거워서 가까이 갈 수가 없어. 해님이 하늘에 있는 게 다행이야. 안 그러면 우리

모두 타 버릴 거야. 그런데 해님이 어떻게 담요처럼 마룻바닥에 드러누워?"

아이는 논리적으로 이해되면 그냥 읽어 내려가지만, 이해가 되지 않으면 질문을 할 것이다. 아이는 이 질문을 통해 책의 내용을 이해한다. 여기서 아이는 해님이 마룻바닥에 따뜻하고 네모나게 드러눕는다는 것을 이해할 수 없어 읽기를 멈추고 생각을 시작한 것이다.

이렇게 아이는 질문을 통해 궁금하던 것을 이해한다. "햇빛이 창문을 통해 들어온 거야. 햇빛 때문에 텔레비전이 보이지 않을 때처럼 말이야. 잠깐만, 햇빛이 담요처럼 마룻바닥을 따뜻하게 만든 거야. 알았다!" 아이는 스스로에게 질문을 하고 답을 찾아 나간다. 이런 과정을 거치지 않으면 시 읽기의 가장 중요한 재미를 놓친다.

'궁금해 놀이'를 하자

아이가 책을 읽으면서 질문을 떠올리고 궁금해 할 수 있도록 이끌어 주는 것이 무엇보다 중요하다. 책 속에는 궁금해 할 수 있는 것들이 많다. "블랙홀이 뭘까 궁금해. 사람들이 왜 목숨을 걸고 에베레스트산에 올라가는지 궁금해. 어떻게 태어나는지 궁금해. 우리가 죽으면 어떻게 되는지 궁금해……." 아이와 함께 책을 읽기 전에 '궁금해 놀이'를 시작하자.

모디캐이 저스타인의 『엄마 물개 The Seal Mother』는 세례 요한 축일 전날 밤, 달빛이 비치는 바닷가에서 물개 가죽을 벗고 아름다운 여자로 변해 달빛 아래에서 춤을 추는 물개를 사랑하게 된 어부에 대한 전설이다. 어부는 여자가 벗어 놓은 물개 가죽을 감추고 7년 후에 바다로 돌아갈 수 있도록 가죽을 돌려줄 테니, 자신과 결혼해 달라고 애원한다. 이런 내용을 보면 아이는 "물개가 어떻게 여자가 될 수 있는지 궁금해", "여자가 다시 물개가 될 수 있을지 궁금해", "엄마 물개가 사람 모습을 한 자기 아들을 두고 떠날지 궁금해"와 같은 질문을 떠올릴 수 있다.

이 책의 뒤에 "물개 중에 셀키라는 물개가 있다. 이 물개들은 1년 중 밤이 가장 긴 세례 요한 축일 전날 밤이 되면 인간의 모습을 하고 춤을 추고 노래를 부른다. 그들은 음악을 좋아한다"라는 내용이 나온다. 그리고 엄마 물개가 결국은 바다로 돌아가지만, 매년 세례 요한 축일 전날 밤이면 다시 뭍으로 돌아와 두고 간 아들을 만난다는 내용도 있다. 여기까지 읽으면 아이가 처음에 가졌던 궁금증이 풀린다.

질문이 생기면 독자는 '탐구'에 나선다. 답이나 깊은 이해를 찾아내려면 탐구를 해야 한다. 또한 질문이 생기면 독자는 그 답을 찾기 위해 책을 끝까지 읽는다. '무슨 일이 생길까?'라는 질문은 소설을 읽을 때 기본적으로 떠올리는 질문이다. 『엄마 물개』를 읽을 때는 물개가 바다로 돌아갈 것인지 궁금해지고, 다른 소설을 읽을 때는 그 주인공인 백장미나 프로도 배긴스, 해리 포터, 데이비드 카퍼필드, 돈키호테한테 무슨 일이 생길지 궁금해지기 마련이다.

이처럼 질문이 생기고 그 답을 찾으려는 자연스러운 욕구가 있어야 책 읽기가 재미있어진다. 책 읽기가 재미있으면 아이는 계속 책을 읽을 것이다. 하지만 재미없으면 책 읽기를 성가시게 여기고 싫어할 것이다.

오로지 숙제나 단어 공부를 위해서만 책을 읽는다면 아이는 책 읽기에 흥미를 붙이지 못한다. 단어 공부를 좋아하는 사람은 없을 테니까. 책 읽기가 지루한 숙제가 되어서는 안 된다. 학부모인 여러분이 먼저 그런 생각을 버려야 한다. 아이가 책 읽기를 좋아하도록 도와주자. 책 읽기가 얼마나 재미있는지 보여 주고, 궁금증을 가지고 책을 읽는 모습을 보여 주자.

질문의 힘

〈덴버 포스트〉 지에 역사 교사인 딕 조던에 대한 기사가 소개된 적이 있다. 딕 조던은 1962년부터 해마다 자신에게 역사 수업을 듣는 학생들에게 2000년 1월 1일 정오에 덴버 공공 도서관 계단에서 만나자고 약속하면서, 그때 자신의 퇴직금으로 1달러씩을 가져오라고 농담 삼아 말했다. 그런데 정말로 300명가량의 제자들이 오래된 약속을 잊지 않고 2000년 1월 1일 정오에 옛 스승을 만나러 찾아왔다.

어째서 그들은 그 오랜 세월이 흐른 뒤에도 약속을 잊지 않고 먼 곳에서 스승을 찾아왔을까? 제자들 중 한 사람은 "선생님께서는 역사책에 나온 내용에 대해 질문하는 법을 가르쳐 주셨습니다. 선생님은 책 속의 내용을 뛰어넘어 생각하는 법을 가르쳐 주셨어요"라고 말했다.

딕 조던의 제자들은 질문의 힘을 잊어버리지 않았다. 여러분도 자녀에게 그 힘을 가르쳐 줄 수 있다. 여러분의 머리에 떠오른 질문을 아이한테 알려 주고 그 답을 함께 찾아보자. 재미있는 질문이나 답이 떠오를 때는 아이와 함께 웃고, 하나의 질문을 통해 새로운 질문을 찾아내 보자. 그러면서 책의 내용에 깊이 파고들어 아이가 좀 더 깊이 있는 질문을 할 수 있도록 이끌어 주자. 질문은 새로운 아이디어와 시각을 갖도록 이끌어 준다는 것을 아이에게 알려 주자. 답을 찾아내지 못하더라도 진짜 중요한 것은 답을 찾아가는 과정임을 아이가 깨닫게 하자.

"책을 읽을 때 질문이 떠오르면 답을 찾지 않고는 못 배길 정도로 머릿속에서 질문이 맴돌아요. 질문이 생기면 답을 찾을 때까지 책을 계속 읽고 싶어져요. 예를 들면, 로렌스 옙의 『강철 용 Dragon Steel』을 읽을 때 용들의 공주인 쉬머가 토르와 인디고를 물고기로 만드는 장면이 나와요. 그때 나는 용들이 물고기를 잡아먹는데 쉬머가 왜 토르와 인디고를 물고기로 만들었을까 궁금했어요. 그런데 그다음 쪽을 읽으니까 답이 나왔어요. 쉬머는 토르와 인디고가 빨리 헤엄을 쳐서 적에게서 달아날 수 있도록 물고기로 만든 거였어요. 답을 찾고 나니까 머릿속에서 '왜 진작 이런 생각이 안 떠올랐을까?'라는 생각이 들었어요."

"머릿속으로 질문을 하는 것은 생각을 하는 것과 똑같아요. 나는 소설을 읽을 때 생각을 하기 시작하는데, 어떤 등장인물에 대해 생각할 때는 엄청나게 많은 질문이 떠올라요. 생각을 열심히 하면 거의 다 답이 떠오르지만, 두세 가지 질문이 해결되지 않아서 그 질문을 해결하려고 끝까지 책을 읽어요."

"논픽션을 읽을 때는 '만약에 처음 미국 땅을 발견했을 때 인디언이 없었다면 어떻게 되었을까?'와 같은 '만약에'라는 질문이 머릿속에 많이 떠올라요. 그런 질문에 대한 답을 찾으려면 내가 그 상황 속에 있는 것처럼 상상해야 해요."

"우리 반 아이들하고 역사책을 읽을 때였어요. 역사는 내가 좋아하는 과목이 아니기 때문에 처음에는 재미가 없었어요. 그런데 우리는 책의 내용에 대해 질문하는 법을 배웠어요. 나는 많은 질문이 생각났어요. 그러자 재미가 생기기 시작했어요. 역사가 재미있어졌어요. 세 장을 더 읽고 나자 더 많은 질문이 떠올랐어요. 질문이 생기니까 책을 더 읽고 싶어졌어요. 그래야 답을 찾을 수 있으니까요. 질문이 떠오르니까 책을 이해하기도 쉬워지고 책이 자꾸자꾸 읽고 싶어졌어요. 그래서 지금은 역사가 아주 재미있어요."

"전에는 책 읽기가 재미없고 필요도 없는 일이라고 생각했어요. 그런데 질문을 할 줄 알게 되면서부터 책 읽기가 아주 좋아졌어요. 지금은 내 머리에 떠오른 질문에 답을 찾아내는 것이 재미있어요. 전에는 책을 읽는 것도 어려웠는데 질문을 할 수 있게 되면서부터 책 읽기도 쉬워졌어요."

엄마 아빠 이렇게 해 주세요 ─────────────────────────────

아이들은 질문하기를 좋아한다. 질문을 하면 책 읽기가 훨씬 더 재미있어진다. 하지만 아이가 질문하는 법을 배우려면 먼저 여러분이 질문하는 모습을 보여 주어야 한다. 그렇다고 해서 아이에게 질문하라는 뜻이 아니다. 그보다는 책을 읽으면서 여러분의 머리에 떠오른 질문을 아이한테 알려 주는 것이 더 효과적이다. 질문이 떠오르자마자 답을 찾으려고 해서는 안 된다. 질문이 머릿속에 맴돌도록 내버려 두자. 여러분의 머릿속에 떠오른 질문을 이야기해 주고 아이한테도 머리에 떠오른 질문을 이야기하게 하자. 이렇게 하면 책을 읽으면서 질문하는 법을 가르쳐 줄 수 있다.

취학 전 단계
바버라 애버크롬비가 쓴 『찰리 앤더슨Charlie Anderson』의 표지를 보

138

자. 이 책의 표지를 보면 "이 고양이의 이름이 찰리 앤더슨일까? 아니면 고양이의 주인이 찰리 앤더슨일까? 고양이가 왜 창살 속에 갇혀 있지? 고양이가 침대에 있는 걸까? 아니면 고양이가 계단에 있는 그림일까? 이 고양이는 암컷일까 수컷일까?" 등등의 질문이 떠오를 수 있다.

책 표지에 대한 질문은 책 속에서 무슨 일이 벌어질까라는 궁금증을 유발한다. 그리고 일단 책을 읽기 시작하면 책 속의 그림과 글자들이 그 궁금증을 풀어 준다.

『찰리 앤더슨』에서는 말썽꾸러기 회색 고양이가 사라와 엘리자베스 자매의 집에 온다. 고양이는 가족들의 저녁밥을 맛보고 침대가 얼마나 푹신한지 살펴본 후에 이 집에서 살기로 결정한다. 이 고양이의 이름이 바로 찰리 앤더슨이다. "찰리는 왜 날마다 아침밥을 먹고 나면 집을 나가는 걸까? 찰리는 왜 인형 옷을 입혀 주면 좋아할까? 왜 찰리는 점점 더 뚱뚱해질까? 찰리가 하루 종일 숲속에서 무엇을 하는지 궁금해."

폭풍우가 몰아치는 어느 저녁 찰리는 집으로 돌아오지 않았다. "찰리가 어디 갔을까? 무사할까? 비가 올 때 고양이들은 어떻게 할까? 아이들이 찰리를 찾아낼 수 있을까?"

사라와 엘리자베스 자매는 찰리를 찾아 나섰다가 숲 반대편에 있는 새집으로 간다. 그리고 그 집에서 7년 동안 회색 고양이를 길렀는데, 그 고양이 이름이 앤더슨이라는 사실을 알게 된다. "두 고양이가 같은 고양이일까? 찰리가 두 집에서 산 걸까? 그렇다면 사라와 엘리자베스는 어떻게 되지? 찰리를 포기해야 한다면 사라와 엘리자베스는 어떻게 할까?"

"……궁금해."

"왜……?"

"이게 무슨 뜻이지?"

"정말 좋은 질문이야. 또 궁금한 건 없니?"

"네 질문을 들으니까 또 다른 질문이 떠오르네."

"어떻게 해서……?"

물론 다른 질문이 떠오를 수도 있다. 여러분 머리에 떠오른 질문 역시 책을 이해하는 데 좋은 길잡이가 될 것이다.

저학년 단계

집은 학교와 달리 우스꽝스러운 질문을 해도 놀리거나 흉볼 사람이 없다. 따라서 집은 독서 능력을 향상시키는 전략 중 하나인 질문하기 능력을 키울 수 있는 최고의 환경이다.

자넬 캐넌의 책 『버디Verdi』는 어린 비단뱀이 초록색의 커다란 어른 뱀으로 성장하면서 겪는 갈등에 대한 이야기이다. 이 책을 보면서 떠오른 질문은 우리 인간이 어른으로 성장하면서 겪는 혼란스러움에 대한 질문으로 이어질 수 있다.

어린 버디가 자기 몸의 노란 줄무늬를 좋아한다는 내용을 읽으면 아이들은 "왜 버디는 초록색이 되는 것을 싫어해? 버디가 마음에 드는 어른

뱀을 만날 수 있을까? '탈피'가 무슨 뜻이야?" 등의 질문을 할 수 있다.

아이가 모르는 단어를 찾아냈을 때는 칭찬해 주자. 그리고 단어의 뜻을 알려 주거나 책을 계속 읽어 가면서 책 속에서 단어의 뜻을 찾아보자.

『버디』를 보면 꼬마 비단뱀의 인생에서 '탈피'라는 단어가 아주 중요한 역할을 한다. 이 책을 보면 "그러던 어느 날 버디는 껍질이 벗겨지면서 몸 전체에 흐릿한 초록색 줄무늬가 나타나기 시작했다"라는 문장이 나온다.

어린 버디는 자신의 몸에 생긴 초록색 줄무늬를 가리기 위해 나뭇잎과 진흙을 몸에 바른다. "그런데 진흙이 조개껍질처럼 딱딱하게 말라 버리자 버디는 몸을 제대로 움직일 수 없게 되었다. 조금만 움직여도 말라 버린 진흙이 산산조각 나 떨어졌다. 진흙이 떨어지자 버디는 제 몸의 초록색이 더 진해진 것을 알게 되었다."

여기까지 읽고 나면 아이와 함께 다음과 같은 대화를 나눌 수 있다. "버디가 초록색이 된 제 몸을 좋아하게 될까? 몸이 초록색으로 변한 것이 자신에게 잘된 일이라는 것을 버디가 깨닫게 될까?" 여기까지 대화가 이어지면 아이는 버디가 초록색으로 변한 까닭을 이해하게 될 것이다. "버디가 자기 몸이 노란색 대신 초록색으로 변한 것이 더 낫다는 것을 알게 될까? 이제는 숲속에 있어도 눈에 잘 띄지 않을 거야. 그러면 더 안전해질 수 있어."

책의 마지막에서 버디는 "나는 이제 몸도 커지고 초록색으로 변했어. 하지만 나는 그대로 나야"라고 말하면서 현실을 받아들인다.

버디의 경험담은 여러분과 아이가 '성장'에 대한 대화를 나누도록 이끌어 줄 수도 있고, 그렇지 않을 수도 있다. 하지만 정말로 중요한 것은 아이가 책을 읽으면서 질문을 떠올리고, 또 그런 질문을 통해 책을 좀 더 깊이 이해할 수 있다는 사실을 깨닫는 것이다.

고학년 단계

이 단계에 이르면, 아이는 책 내용을 넘어서서 질문하고 답하는 일에 도전한다. 이제 아이는 하나의 장이 끝나고 나오는 과학 문제에 답을 하거나 숙제로 내준 소설을 읽고 빈칸 채우기 등을 할 수 있다. 하지만 자칫 이런 숙제나 시험에 나오는 질문에

> 책 속에서 답을 찾으면 어떻게 찾았는지 아이한테 알려 주고, 쉽게 답을 찾지 못해도 걱정할 필요가 없다는 것을 보여 주자.

만 익숙해지면 스스로 질문을 떠올리는 노력을 하지 않으려고 할 수도 있다.

예를 들어, 조이 하킨이 집필한 『미국의 역사The History of US』라는 교과서에서 제임스타운에 대한 부분을 복사해 집에서 읽는 숙

> 지식의 힘은 얼마나 많이 알고 있느냐가 아니라 얼마나 많은 분야에 대해 얼마나 독창적인 질문을 하느냐에 달려 있다.
> – 데니 팔머 울프, 『읽고 생각하기
> (Reading Reconsidered : Literature and
> Literacy in High School)』

제를 해야 한다. 복사본에 글을 적을 수 있다면 여백에 질문을 적는 법을 가르쳐 주자. 만약 복사본에 글을 적을 수 없다면 접착 메모지를 활용하자. 여러분이 처음 몇 문단을 읽은 다음 머리에 떠오른 질문을 말해 보자. 깊이 있거나 멋진 질문이 아니어도 상관없고, 간단한 질문도 괜찮다. 글의 내용에 대해 질문이 떠오르면 글을 계속 읽을 만큼 관심이 생기고, 1600년대의 생활을 상상하는 데 도움을 주기만 하면 된다.

여러분은 이런 질문을 할 수 있다. "1610년에 영국 배 두 척이 도착했을 때 제임스타운은 왜 망했을까? 황열병은 무엇일까? 늘 인디언이 쳐들어올까 두려워하면서 사는 기분이 어떨까? 델라웨어 총독은 제임스타운을 재건하기 위해 사람들을 어떻게 설득했을까? 식민지 이주자들은 왜 다른 곳으로 가지 않았을까? 나라면 그런 어려움을 이겨 낼 수 있었을까? 추위를 이기려고 건물을 모두 불태운 다음에 그들은 어떻게 했을까? 포카혼타스가 식민지 이주자들을 도와줄까?"

그다음에는 아이가 질문을 던질 차례이다. 여러분이 한 질문 중에 몇 가지는 책 속에 답이 있을 것이고, 그렇지 않은 것도 있을 것이다. 책 속에서 답을 찾으면 어떻게 찾았는지 아이에게 알려 주고, 쉽게 답을 찾지 못해도 걱정할 필요가 없다는 것을 보여 주자. 그리고 질문을 계속 떠올려 새로운 사실을 알아낼 수 있도록 이끌어 주자.

아이는 다음과 같은 질문을 할 수도 있다. "롤프는 포카혼타스와 결혼할 때 왜 허락을 받아야 했을까? 식민지 이주자들과 인디언 사이에 평화가 얼마 동안 유지될 수 있을까? 인디언인 포카혼타스가 영국으로 가는 기분이 어땠을까? 포카혼타스가 천연두로 죽은 다음에 그녀의 아

144

기는 어떻게 되었을까?"

아이는 자신의 질문에 대한 답을 찾기 위해 주의를 집중해서 책을 읽게 된다. 그리고 그 질문을 통해 역사의 한 부분에 관심을 갖게 될 것이다. 자신의 질문을 다시 떠올려 보면서 자신의 생각을 되짚어 보거나 결론을 내리거나 더 깊이 있는 질문을 생각해 낸다. 그리고 자신에게 의미 있는 질문을 하면서 새로운 답을 찾아낼 것이다.

교실에서는 이렇게 하세요

학생이 배움에 흥미를 느끼게 하려면 교사는 다음의 단순한 질문 하나를 염두에 두어야 한다. "누가 질문해야 하는가?" 답은 간단하다. "배우는 사람이 질문해야 한다."

교실에는 늘 질문이 가득하다. 사회 교과서에도 질문이 있고, 과학 실험 시간에도 선생님이 질문하고, 소설 공부를 하거나 책을 읽을 때도 질문에 답을 하는 숙제가 있다. 하지만 이런 질문들은 책 밖에서 질문을 찾아내는 법을 가르쳐 주지 못한다. 좋은 독자는 책을 읽기 전, 읽는 동안, 그리고 읽은 후에도 계속해서 질문을 떠올린다.

교사는 학생에게 길을 가르쳐 주고 그 길

> 교육은 빈 바구니를 채워 주는 것이 아니라 불을 지펴 주는 것이다.
> — 윌리엄 버틀러 예이츠

을 빠져나오는 법도 가르쳐 주어야 한다. 어떻게 질문을 떠올려야 하는지를 보여 주고 그 질문을 기록하는 법도 보여 주어야 한다. 아이들이 흥미를 가질 만한 자료들을 교실에 준비하고, 흥미를 느끼는 대상에 대해 질문을 할 수 있는 시간을 마련해 주고, 자신이 아는 지식을 책 이외의 것에 적용할 수 있는 방법을 알려 주자. 질문이 얼마나 중요한가를 깨닫는 순간 아이는 배움의 불씨를 키운다.

실습 시간

다음은 질문을 통해 시를 좀 더 깊이 있게 이해하는 모습을 보여 주는 실습 사례이다. 크리스는 초등학교 2학년 아이들을 대상으로 질문하기 전략을 실습하는 수업에 참관하게 되었다. 아이들은 접착 메모지에 질문을 적어 자신이 읽고 있는 책에 붙였다.

나와 아이들은 질문을 칠판에 옮겨 적은 다음 그 질문들의 답이 책에 나오는지, 머릿속에 있는지, 아니면 책 이외의 것에서 답을 찾아야 하는지 토론했다. 우리는 각자의 질문이 책을 계속 읽거나 단어 뜻을 찾아보면 해결할 수 있는 '쉬운' 질문인지, 아니면 많이 생각하고 상상력을 동원해야 해결할 수 있는 '어려운' 질문인지에 대해 먼저 토론했다. 책을 읽어 갈수록, 토론을 할수록 점점 더 어려운 질문이 등장했다. 우리는 질문에 대해 다음과 같은 세 가지 지침을 정했다.

1. 어떤 질문이든 바보 같은 질문이란 없다.
2. 정말로 궁금한 것을 질문한다.

3. 읽다가 이해가 안 되는 부분이 있으면 질문한다.

시는 내용은 짧아도 질문이 많이 쏟아질 수 있다. 초등학교 2학년은 새로운 도전을 할 수 있는 시기이기 때문에 칠판에 시를 한 편 옮겨 쓰고, 질문을 적을 수 있는 여백을 많이 남겨 두었다. 그리고 큰 소리로 두 번 읽어 주었다.

꿈속에서Her Dreams

꿈속에서
장식이 달려 있고
소녀만큼 키가 큰
나무를 보았다
소녀는 장식을 만지려고
팔을 뻗었다
만약 장식을 딸 수 있을 만큼
높은 곳까지
손을 뻗을 수 있다면
그 순간이
소녀의 인생에서
보석 같은 순간이 되리라.
　　　　– 엘로이스 그린필드, 『일요일 나무 밑에서Under the Sunday Tree』

시를 두 번 읽은 다음 나는 아이들한테 여백에 질문 옮겨 적기, 일명 '눈에 발자국 남기기'를 통해 내 생각을 보여 주겠다고 말했다. 나는 이렇게 적었다. "나는 그 장식들이 왜 나무에 달려 있는지 궁금해. 왜 장식이 높은 곳에 달려 있었을까? 장식을 딴다는 것은 무슨 의미일까? 아이는 얼마나 손을 뻗어야 장식을 딸 수 있을까? 보석 같은 순간이란 어떤 순간일까? 보석 같은 순간은 좋은 것일까? 여기서 말하는 꿈은 잠을 자면서 꾸는 꿈일까, 커서 어떤 사람이 될지를 뜻하는 걸까?"

그런 다음 나는 내 생각을 아이들에게 말해 주었다. "'장식은 왜 높은 곳에 달려 있었을까?'라는 질문을 떠올리니까 이 소녀가 힘껏 손을 뻗으려고 애쓰면 붙잡을 수 있는 커다란 목표가 있을 거라는 생각이 들어. 그리고 보석 같은 순간에 대한 질문은 이 시를 읽으니까 답을 알 것 같아. 보석 같은 순간은 소녀의 인생에서 아주 소중한 순간을 말하는 거야. 하지만 팔을 뻗는 것보다는 장식을 따는 것에 더 큰 의미가 있는 것 같아."

나는 색이 다른 펜을 들고 내 질문에서 파생된 새로운 질문을 표시했다. "이제는 '만약'이라는 말이 궁금해졌어. 이 시에는 만약 소녀가 장식을 딸 수 있을 만큼 높이 손을 뻗을 수 있으면, 이라는 말이 나오는데…… 그렇다면 지금 당장은 소녀가 장식을 딸 만큼 손을 높이 뻗을 수 없다는 뜻일까? 소녀는 왜 손을 뻗을 수 없는 걸까? 소녀는 결국 장식을 따게 될까? 어떻게 하면 손을 최고로 높이 뻗어서 인생의 목표를 딸 수 있을까? 손을 높이 뻗는다는 것이 공부를 열심히 한다거나 더 많이 노력한다는 뜻일까?"

나는 아이들에게 계속 말했다. "시는 여러 가지 의미를 담고 있어서 우리가 그 의미를 파헤쳐야 해. 시를 읽을 때는 궁금한 것이 있으면 질문을 하고 그에 대한 답을 찾고, 시가 무엇을 의미하는지 생각해야 해. 그것이 시를 읽는 재미야. 오늘 나는 질문을 통해서 이 시에서 '목표를 달성하면 인생에서 최고의 순간을 맞이할 수 있기 때문에 목표를 향해 계속 달려가야 한다'는 뜻을 찾아냈어."

그러자 아이들은 각자 시에서 의미를 찾기 시작했다. 나는 다시 이렇게 말해 주었다.

"너희들 책상에 각각 두 개의 시가 있을 거야. 책상마다 다른 시가 있어. 우선 어떤 시를 읽을 것인지 정하고, 그다음 여백에 자신의 머리에 떠오른 질문을 옮겨 적도록 해."

"눈에 발자국을 남기라는 말씀이세요?"라고 벤튼이 물었다.

"맞아. 그런 다음 그 질문을 다시 읽어 보면서 답을 찾을 수 있는지 생각해 봐. 자, 지금부터 시를 읽어 보렴."

그 후 발표 시간에 아이들은 네 명씩 모여 앉아서 자신이 선택한 시와 자신이 적은 질문을 친구들에게 읽어 주고, 시에 담긴 의미에 대해 토론했다. 아이들은 질문을 통해 복잡한 시를 이해할 수 있게 되었다.

- 질문을 하면 작가에 대해 알게 되고, 자신이 어떤 것에 관심 있는지 알게 되고, 무엇을 배우고 싶어 하는지 알게 된다. 질문을 하면 자신이 책을 왜 읽는지, 그리고 그 책이 무슨 내용인지 더욱 분명히 이해할 수 있다.

- 질문을 떠올리면 읽고 있는 책에 좀 더 정신을 집중하게 된다.

- 질문을 하면서 책을 읽으면 더 깊이 이해할 수 있게 된다.

- 정말로 궁금해 하는 내용에 대한 질문이 제일 좋은 질문이다.

- 쉽게 답을 찾을 수 없는 질문도 있다. 하지만 어떤 질문이든 생각을 하게 만들고, 토론을 이끌어 내고 새로운 정보를 찾도록 이끌어 준다.

- 질문은 책의 내용이나 배우고 있는 정보를 깊이 파고들도록 이끌어 준다.

- 질문을 하면 다음에 어떤 일이 생길지 궁금해져서 계속 책을 읽어 나가게 된다.

- 질문은 새로운 아이디어, 새로운 시각, 그리고 새로운 질문을 끌어낸다.

다음과 같은 질문을 하면 아이들이 질문하기를 제대로 익히고 실천하고 있는지 확인할 수 있다.

- 이 책을 읽기 전부터 질문이 떠올랐니?
- 질문을 하니까 책을 이해하는 데 도움이 되니? 질문을 계속 떠올리기 위해 어떻게 했니?
- 잠깐만! 네가 이 문장을 읽을 때 나는 이런 생각이 났어. 내가 이 문장을 다시 읽어 줄게. 너는 이 문장을 들을 때 무엇이 궁금해지니?
- 이 책을 읽으면서 내내 떠오른 질문이 있었니? 잘했어! 그 질문이 왜 그렇게 내내 떠올랐을까?
- 이 시를 다시 읽으니까 어떤 질문이 떠오르니? 다시 읽으니까 질문이 달라지니? 새로 떠오른 질문은 어떤 것이니? 다시 읽으니까 시에 대한 생각이 달라진다는 것을 느끼겠니?
- 읽다가 뜻을 이해하지 못할 때 질문이 떠오르니? 이 단어의 뜻을 질문하려고 읽기를 멈췄구나. 이 단어 때문에 글을 이해하는 데 방해가 되었니? 이 단어의 뜻을 어떻게 하면 알아낼 수 있을까?
- 작가한테 물어보고 싶은 질문은 없니? 이 책의 독자로서 제일 중요한 질문이 뭐라고 생각하니? 책을 읽는 동안 그 질문을 계속 머리에 담고 있을 거니? 만약 책 속에서 답을 찾아내거나 신기한 정보를 찾아내면 접착 메모지에 써서 붙여 두렴. 네가 어떤 것을 찾아낼

지 기대되는구나.

- 작가가 우리한테 질문한다는 것을 알아차렸니? 작가가 우리한테 질문한 것은 우리가 관심을 가져주기를 바라기 때문이야. 작가한테도 질문은 아주 쓸모 있는 수단이란다. 너도 글을 쓸 때 질문을 하도록 해 봐.

- 이 장을 다 읽었구나. 아직도 답을 얻지 못한 질문이 있니? 그 답을 찾기 위해 책의 다음 부분을 계속 읽어 보고 싶지 않니?

- 잘했어! 아까 떠올렸던 질문의 답을 찾으려고 계속 노력하다 보니까 결국 답을 찾았구나. 답이 있는 부분에 표시를 하렴. 오늘은 새로운 정보도 많이 찾고 배경지식도 많이 쌓았구나. 연구를 하는 사람은 연구를 계속하기 위해 잠시 하던 일을 멈추고 자신이 무엇을 알고 있는지 확인할 줄 알아야 해. 점점 더 많이 알고 많이 이해할수록 질문이 달라진단다. 잠시 시간을 내서 책에 계속 흥미를 가질 수 있도록 새로운 질문을 떠올려 보자.

- 너의 질문을 듣고 나니 네가 이 부분으로 계속 다시 돌아온다는 것을 알겠어. 너는 이 글이 답을 주지 않는다고 말했어. 글 속에서 답을 찾지 못할 때는 글에다 우리의 생각을 더해야 해. 너는 이 질문의 답이 무엇일 거라고 생각하니? 답을 생각해 내는 데 도움이 될 만한 내용이 글 속에 있니?

- 책을 다 읽고 난 다음에 새로 떠오르는 질문은 없니? 나는 다 읽고 나면 아직 해결되지 않은 질문 때문에 다시 한번 읽게 돼. 너도 다시 한번 읽은 다음에 답을 찾을 수 있는지 알아보렴.

- 우리 교실에서 함께 공부하지 않은 사람한테 질문하면 책을 이해하기가 더 쉽다는 것을 어떻게 설명해 줄 수 있을까?

선생님과 학부모가 함께 노력해요

- 학생이 주말 동안 질문한 내용을 기록한다. 학생들의 질문들을 모아서 모두 다 읽을 수 있도록 도표를 만들어 입구에 걸어 둔다.
- 학부모들과 대화를 통해 직장에서 질문하기 전략을 활용하는지 물어본다. 건축가나 요리사, 회계사 등 다양한 직업을 가진 엄마 아빠는 자신의 일을 잘 해내기 위해 질문하기 전략을 어떻게 활용하는가?
- 부모와 아이가 함께 재미있는 질문을 생각해 낸다. 예를 들어, "우주에 다른 생명체는 없을까?" 같은 질문도 괜찮다. 생각해 낸 질문들을 모아서 '궁금해요' 공책을 만든다. 그리고 이 질문들을 출발점으로 조사를 할 수도 있다.

제 5 장

글의 숨은 의미 찾기

추리하라

생각을 하면 자신과 대화를 하게 된다.

－ 플라톤

5장에서는 추리력을 이용하여 깊고 넓게 이해하는 법에 대해서 알아
보자.

우리가 먼저 생각해 봅시다

계단 청소부인 부리마는 이틀 밤잠을 이루지 못했다. 사흘째 되는 날 아침,
그녀는 침구를 털어서 진드기를 떼어 냈다. 거처로 삼고 있는 우편함 밑에서
누비이불을 한 번 털었고 그다음에는 골목 어귀에서 한 번 더 털었다. 그러

자 채소 껍질을 쪼아 먹던 까마귀들이 사방으로 흩어졌다.

옥상으로 올라가는 4층짜리 계단을 오르기 시작하면서 부리마는 무릎 위에 한 손을 얹었다. 우기가 시작될 때마다 그 무릎이 부어올랐기 때문이다. 이는 양동이와 누비이불, 빗자루로 쓰는 갈대 묶음 모두를 끙끙대며 다른 한 팔로 들고 가야 한다는 것을 의미했다. 요즘 부리마는 계단이 점점 더 가팔라지고 있다는 생각이 들었다. 계단을 오를 때면 계단이 아니라 사다리를 오르는 듯한 느낌이었다. 그녀는 예순네 살로 호두만 한 크기로 머리를 짧게 묶었으며 앞에서 본 모습도 옆에서 본 모습만큼이나 좁아 보였다.

– 줌파 라히리, 『축복받은 집』 중 「진짜 경비원」 (마음산책, 2013)

줌파 라히리의 단편집 『축복받은 집』은 2000년 퓰리처상을 수상했다. 각각의 단편에는 인도에서의 삶이나 미국으로 건너온 인도인 이민 1세대의 삶이 담겨 있다. 처음 세 편의 이야기를 읽으면서 나는 익숙하지 않은 문화에 대해 읽을 때는 특히 더 주의를 기울여야 한다는 것을 깨달았다. 그리고 라히리의 특징은 함축성과 간결성이라는 것도 깨달았다. 나는 단 한 편도 느긋하게 읽지 못했다. 마치 라히리가 쓴 단어 하나하나에서 의미를 찾아내려는 듯한 문장 한 문장에 주의를 기울여 읽었다.

「진짜 경비원」의 첫 번째 문단을 읽으면서 나는 부리마가 왜 이틀 동안 잠을 못 잤는지, 그리고 그것이 진드기 때문인지 궁금해졌다. 그리고 부리마가 누비이불을 열심히 터는 모습을 머리에 떠올렸고, 왜 이불을 물에 빨아서 진드기를 없앨 생각은 안 한 걸까 궁금해졌다. 아마도 부리마는 세탁을 할 곳이 마땅치 않아서 그랬던 것 같다. 그녀의 생활 환경은 지저분하고, 모든 것이 부족한 것 같다.

내가 덴버 사립학교에서 교편을 잡고 있던 시절, 머리 이가 번진 적이 있다. 이가 생긴 교실 방석을 내다 버리고 아침마다 머리 검사를 하던 때가 떠오르자, 누구든 몸에 이가 생길 수 있다는 생각이 들었다.

하지만 이 늙은 여인은 집도 없이 우편함 밑에서 사는 것을 보니 가난한 것이 분명하다. 골목은 채소 껍질과 굶주린 까마귀들로 가득하다. 이 이야기는 인도가 무대이고, 부리마는 노숙자이거나 노숙자나 다름없는 신세다. 내가 이렇게 추리하게 된 것은 '우기'에 대한 언급과 '부리마'라는 이름, 갈대로 대충 만든 빗자루 등의 실마리들을 통해서다.

부리마는 '계단 청소부'다. 직업이라고 하기에는 무엇하지만, 그래도 부리마가 조금이나마 존엄성을 지킬 수 있도록 해 주는 일이다. 그녀는 이 일을 오래 해 왔고, 나이가 들면서 계단이 점점 가파르게 느껴졌다. "호두만 한 크기로 머리를 짧게 묶었으며"라는 문장에서 부리마가 머리숱이 적다는 것을 알 수 있다. 그리고 "앞에서 본 모습도 옆에서 본 모습만큼이나 좁아 보였다"라는 문장에서 부리마가 먹을 것이나 다른 생활용품이 넉넉하지 못한 생활을 하고 있음을 알 수 있다.

무릎은 아프고 잠도 못 자는 늙은 '계단 청소부'한테 어떤 일이 벌어질까? 64세의 나이에 열악한 환경에서 혼자 사는 부리마는 미래가 불확실하다. 나는 앞으로 어떤 일이 벌어질까 궁금해졌다. 안 그래도 힘든 삶이 더 힘들어질 것이라는 예측 때문에 나는 호기심이 생겨 이 책을 계속 읽어 나가게 되었다.

— 크리스 허친스

행간 읽기

추리력을 이용하면 자신이 읽고 있는 글을 더 깊이 이해할 수 있고, 결론을 이끌어 낼 수 있고, 종이에 적힌 글 이상의 것에 대해 상상할 수 있다. 여러분 머릿속의 목소리는 작가가 적어 놓은 글을 앵무새처럼 무조건 따라 읽기만 하는 것이 아니라, 스스로 짐작도 하고, 연결 고리도 만들고, 질문도 한다. 여러분은 앞으로 무슨 일이 벌어질지 추측도 하고, 머릿속에서 장면을 상상하기도 하고, 모르는 단어의 뜻을 짐작하고 질문에 대한 답도 찾는다. 읽은 글을 자기 것으로 만들어 깊은 의미를 찾아가는 것이다.

크리스의 초등학교 5학년 때 선생님은 이것을 일컬어 '행간 읽기'라고 했다. 하지만 크리스는 글과 글 사이의 여백을 아무리 들여다보아도 의미를 찾아낼 수가 없었다. 이제 크리스는 자신의 학생들에게 글과 글 사이에서 의미를 찾으라고 하는 대신 귀와 귀 사이에서, 즉 각자의 머릿속에서 의미를 찾으라고 설명한다. 추리를 한다는 것은 '증거(단어, 문장, 문단)'가 의미하는 것을 제대로 짐작하고, 앞으로 어떤 일이 벌어질지 예측하고, 결론을 이끌어 내서 종이에 적힌 글자의 의미에 깊이를 더하는 것을 말한다.

크리스는「진짜 경비원」의 첫 번째 문단을 읽고 질문을 한 다음 그에 대한 답을 찾기 위해 책 속의 글과 자신의 배경지식을 모두 동원했다. 그녀는 머리 이에 대한 배경지식을 통해 부리마의 생활환경을 짐작했다. 그리고 부리마가 앞으로 곤란을 겪을 것이라고 예측한 다음 그녀에게 벌어질 운명에 대한 결론을 내렸다. 또한 크리스는 첫 문단의 장면을 상상해서 이불보를 터는 모습, 비틀거리며 계단을 올라가는 모습, 썩은 채소 찌꺼기 등을 머리에 떠올렸다. 부리마가 앞으로 곤란을 겪게 될 것이라는 크리스의 예측은 어긋날 수도 있다. 책을 읽다 보면 추리의 내용이 바뀔 수도 있다. 하지만 지금 당장은 추리를 통해 얻은 예측과 결론을 바탕으로 책을 읽으면 된다.

말풍선 추리하기

만화는 추리력을 기르는 좋은 재료가 될 수 있다. 만화 중에는 한 번 보기만 해도 웃음이 나오는 만화가 있고, 무슨 뜻인지 이해가 안 가는 만화도 있다. 자신의 경험과 만화의 글이 서로 합쳐져 '알았다!'라는 느낌이 들어야 보면서 웃을 수 있다.

크리스가 초등학교 5학년 학급을 대상으로 추리력 학습을 위한 시범 수업을 하던 때였다. 한 남학생이 소 떼를 보고 조종사들이 나누는 대화를 그린 만화가 왜 웃긴지 모르겠다고 털어놓았다. 그 만화에서는 조종사가 옆에 앉은 동료 조종사에게 "저기…… 뭉게구름 속에 왜 소 떼가 있지?"라고 묻는다.

이 학생은 만화의 말풍선 속 글자는 문제없이 읽었다. 하지만 그 말이 무슨 뜻인지를 이해하지 못했다.

그래서 크리스가 이렇게 말해 주었다. "네가 비행기를 탔던 때를 떠올려 보렴. 비행기에 타고 있으면 유리창으로 뭐가 보이지? 뭉게구름을 상상할 수 있겠지?"

그러자 아이가 이제 알았다는 표정을 지었다. "지금 이 비행기는 추락하는 거예요!"라고 아이가 소리쳤다. 학급 친구들도 그 말이 맞다는 표정을 지었다.

이 아이는 자신이 가지고 있는 배경지식과 만화의 글과 그림을 동원해 만화 속에 담긴 농담을 이해하게 되었다. 그리고 추리의 중요한 역할도 배우게 되었다.

스스로 추리하기

소리 내어 읽기만 잘하는 아이들이 있다. 그런 아이들은 겉으로 보기에는 책을 굉장히 잘 읽는 것 같지만, 자신이 읽는 내용에 대해 관심도 없고 아무 감정도 못 느낀다. 뿐만 아니라 글이 앞으로 어떻게 진행될지 예측도 못 하고 등장인물들의 관계도 설명하지 못한다. 그런 아이들은 책을 빨리 읽어 숙제를 빨리 끝낼 수 있을지는 몰라도 책의 내용이 머리에 남지 않는다. 그 아이들에게 글자는 소리를 기록한 기호일 뿐, 그 속에 의미가 담겨 있다고는 생각하지 않는다.

그리고 자신이 읽고 있는 글이 무슨 뜻인지 해석하지 못하는 아이들도 있다. 그런 아이들은 자신의 해석을 믿지 못하기 때문에 선생님이 알려 주는 대로만 해석한다.

이런 아이들한테 추리를 가르쳐 주려면 어떻게 해야 할까?

우선 자신이 읽고 있는 글에 대해 떠오르는 생각을 말하게 한다. "너는 어떻게 생각하니?"라는 말로 시작해 보자. "어떤 생각이 떠올랐니?" 간단한 질문과 성심성의껏 들어줄 자세만 갖춘다면 아이 스스로 글을 해석하도록 이끌어 줄 수 있다. 아이들은 자신이 읽는 글의 내용을 스스로 이해하고 해석하게 되면 금세 책 읽기에 빠져든다.

아이가 책 읽기에 재미를 느끼도록 하려면 아이의 생각을 존중해 주어야 한다. 자신의 예측에 대해 스스로 답을 찾을 수 있고 자신이 내린 독특한 해석이 존중받을 수 있다는 것을 알려 주자. 그래야 책 읽기가 재미있어지고 의미를 가진다.

아이가 책을 읽을 때만이 아니라 일상생활을 할 때도 추리를 할 수 있도록 이끌어 주자. 사람은 누구나 살아가면서 세상의 흐름을 읽고, 세상이 돌아가는 이치에 대해 알고 있는 배경지식과 외부에서 얻은 실마리를 통해 앞으로 벌어질 일들을 예측한다.

아이는 아빠가 스포츠 중계를 보면서 기분이 나빠 보인다면 놀이공원에 놀러 가자고 조르지 않는 것이 좋겠다는 추리를 해낼 줄 안다. 여섯 살 정도 된 아이라면 엄마의 표정을 보고 장난감을 사 달라고 졸라야 할지 말아야 할지를 추리해 낼 줄 안다. 그리고 아빠의 전화 목소리만 듣고도 동창회가 취소되었는지 아닌지를 추리해 낼 줄 안다.

몸짓이나 표정, 전화 목소리를 통해 앞으로 어떤 일이 벌어질지 예측할 수 있는 것처럼 책을 볼 때도 배경지식과 책 속의 실마리를 통해 앞으로 벌어질 내용을 추리할 수 있다.

추리하는 법 가르쳐 주기

아이한테 책을 읽어 줄 때 추리하는 시범을 보여 주자.

크리스는 아홉 살인 조카 닐과 네 살인 제이콥과 함께 차를 타고 가면서 책을 읽어 준 적이 있다. 쪽마다 커다랗고 빨간 개 클리퍼드가 빌딩이나 덤프트럭, 전신주에 부딪힌다. 크리스는 아이들한테 클리퍼드가 몸집이 커서 실수를 저지른다고 설명을 해 주고 있었는데, 그녀의 언니 로라가 끼어들어서 "그것 말고도 클리퍼드가 또 어떤 실수를 저지를 수 있을까? 너희들이 한번 생각해 봐"라고 말했다.

크리스는 조카들이 책에 나온 것 이외의 내용을 상상할 수 있도록 일부러 책에 없는 내용을 말하면서 상상력에 자극을 주었다. 그러자 닐이 이렇게 말했다. "이크! 클리퍼드가 전깃줄을 가지고 놀아. 그러면 안 되는데 장난감인 줄 알았나 봐. 클리퍼드는 이제 큰일 날 거야."

실제로 다음 쪽에서 클리퍼드가 이웃집 차고에서 전깃줄 더미를 쓰러뜨리는 장면이 나왔다. 닐은 예측을 한 덕분에 전깃줄 더미가 쓰러지는 걸 보면서 걱정하는 클리퍼드의 마음을 더 잘 이해할 수 있었다. 책의 그림과 글을 다시 생각해 보지 않았다면 닐은 몸집 큰 개의 우스꽝스러운 실수를 이해하지 못했을 것이다.

추리력을 키우는 말놀이

말놀이도 추리력을 길러 준다. 크리스와 로라는 번갈아 가면서 운전을 하고 아이들한테 책을 읽어 주고 놀이도 함께했다.

아이들이 좋아하는 놀이 중의 하나가 비슷한 것 찾기 놀이였다. 한 사람이 "이것은 가시가 많다"라고 말하면 돌아가면서 '이것'에 해당하는 것의 이름을 대는 놀이다. 중요한 것은 한 번 나왔던 것을 다시 대면 안 된다는 것이다. 놀이를 하면서 끈적거리는 것, 무서운 것, 작은 것, 성난 것 등등을 찾아냈다. 제이콥과 닐은 실마리와 배경지식을 동원해 '이것'에 해당하는 단어를 추리해 냈다. 문제를 풀어 가면서 아이들은 추리력을 활용하는 법을 익혔다.

그리고 스무고개 놀이도 했다. 세 명이 한 명한테 질문을 해서 사람이나 사물의 이름을 맞추는 놀이로, 모두 합쳐서 스무 번밖에 질문을 할 수 없다. 스무 개의 질문을 다 하고도 답을 맞추지 못하면 문제를 낸 사람이 점수를 얻는다. "경찰이야?" 제이콥이 물었다.

"남을 도와주는 사람이야?" 로라가 물었다.

"다른 실마리를 줘!"

이렇게 질문을 하면서 세 사람은 서서히 답에 가까이 다가갔다.

말놀이를 하면 아이는 놀이에서 이기기 위해 실마리에 관심을 기울이게 되고, 질문을 하고, 자신의 배경지식을 실마리와 연결짓고, 예측을 하고, 자신의 짐작을 수정하거나 확실히 한다. 말놀이는 재미도 있고 추리력과 독서 능력도 길러 준다.

> 말놀이는 재미도 있고 추리력과 독서 능력도 길러 준다.

계속 여행을 하면서 크리스는 조카들한테 크리스 반 알스버그의『장난꾸러기 개미 두 마리』라는 책을 읽어 주었다. 종이에 적힌 글만 보면 두 마리 개미가 계속해서 위험한 모험을 한다는 이야기이다. 그런데 글과 그림을 함께 보다 보니 크리스의 조카들은 책 속에 그 이상의 의미가 담겨 있다는 것을 깨닫게 되었다. 개미들의 모험은 부엌에서 벌어진 일이었다. 개미들이 빠진 쓴 물도 폭풍우가 몰아닥친 바다가 아니라 잔에 담긴 커피였다.

어느 순간 개미들은 '안전하게 숨을 곳'을 찾아냈다.

"안 돼!" 제이콥이 소리쳤다. "거기는 토스트 기계 속이야!" 아이의 예측대로 그다음 쪽에서 개미들은 뜨거워진 빵과 함께 공중으로 튀어 올랐다.

계속 책을 읽다가 이번에는 닐이 말했다. "개미들이 어디 있는지 알겠어. 지금 개미들이 있는 곳은 음식 쓰레기 분쇄기 속이야."

크리스는 조카가 왜 그런 생각을 했는지 알아보고 싶어졌다. "왜 개미들이 음식 쓰레기 분쇄기 속에 있다고 생각했어?"

그러자 닐이 책 속의 문장을 소리 내어 다시 읽기 시작했다. "'불쌍한 개미 두 마리는 물에 휩쓸려 축축하고 어두운 방에 내동댕이쳐졌습니다. 그곳에는 반쯤 먹다 만 과일과 물에 불은 음식 찌꺼기가 널려 있었습니다'라고 되어 있잖아. 그리고 여기 있는 그림을 봐. 음식 쓰레기 분쇄기를 돌리면 음식 쓰레기가 조각나고 안으로 물이 흘러 들어가잖아.

그러니까 여기는 음식 쓰레기통이 맞아!"

모르는 단어의 뜻 추리하기

추리는 모르는 단어의 뜻을 알아내는 데도 도움이 된다. 선생님이 초등학교 1학년 학생들한테 맨해튼 하늘을 날아다니는 할머니와 어린 소녀에 대한 환상적인 동화 『아부엘라Abuela』를 읽어 주었다. 두 사람이 하늘에서 공중제비를 넘자 알록달록한 치마가 바람에 나풀거렸다. 그런데 이 책에는 스페인어가 많이 나왔다.

영어밖에 모르는 아이들은 책에 스페인어가 나오면 이해하지 못했다. 소리를 내서 읽을 줄은 알아도 뜻을 이해할 수가 없었던 것이다. 그럴 때는 뜻을 추리해야 한다.

"쿠이다도." 아부엘라는 나한테 그렇게 말했을 것이다. 짧은 거리를 갈 때처럼 우리는 조심해야 한다.

– 아서 도로스, 『아부엘라』

지금까지 벌어진 일들을 다시 읽어 보면서 증거들을 찾고, 글과 그림에서 실마리를 찾아서 아이들은 '쿠이다도'가 무슨 뜻인지 열심히 추측했다.

"내 생각에는 '이리 와'라는 뜻인 거 같아요. 그렇게 하면 그림하고도 어울리잖아요. 그렇죠? 소녀는 비행기 위에서 물구나무를 서고 있고 할머니한테 이리 오라고 하고 있어요." 아니가 말했다.

"아니야, 내 생각에는 '조심해'라는 뜻인 거 같아요. 그게 더 그럴듯해요." 아이들이 그림과 글을 보면서 생각하는 동안 에밀리가 말했다. "매번 할머니가 소녀한테 충고하고 있어요. 그러니까 이번에도 할머니가 소녀한테 비행기에 매달려 짧은 거리를 날아갈 때처럼 조심해야 한다고 말하는 것 같아요. 소녀는 조심하는 게 좋을 거예요."

정말로 그 단어는 '조심해'라는 뜻이었다.

아이들은 계속해서 모르는 단어나 문장이 나올 때마다 실마리를 찾고, 그림을 살펴보고, 이야기의 흐름 속에서 그럴듯한 뜻을 찾아냈다. 그런 다음 영어와 스페인어를 모두 할 줄 아는 학생이 바른 답을 알려 주면, 나머지 아이들은 자신의 짐작이 맞는지를 확인했다.

여러분도 아이와 함께 책을 읽을 때 아이가 모르는 단어가 나오면 추리를 통해 뜻을 찾도록 이끌어 주자. 모르는 단어의 뜻은 그림이나 앞의 문장을 살펴보면 알 수 있다는 것을 보여 주자. 그리고 문맥의 흐름에 맞는 뜻을 찾아내는 과정을 아이한테 알려 주자. 이때는 수수께끼 풀이를 하듯 재미있고 실감나게 이야기해 주는 것이 좋다.

예측의 힘

『이럴 때 내 아이가 재능을 타고났다고 생각한다You Know Your Child is Gifted When...: A Beginner's Guide to Life on the Bright Side』의 저자 주디 갤

브레이스는 똑똑한 아이와 재능을 타고난 아이의 차이에 대해 "똑똑한 아이는 암기에 능한 반면, 재능을 타고난 아이는 짐작하는 데 능하다'라고 말했다. 아이에게 이야기 속에서 앞으로 벌어질 일을 예측하는 시범을 보여 준 다음, 아이 스스로 예측을 하도록 기회를 주는 것만큼 좋은 선물도 없다.

책의 표지와 제목만 보고도 우리는 얼마든지 책의 내용을 예측할 수 있다. 그런 자료들을 통한 예측을 머릿속에 가지고서 새로운 생각을 하고, 질문에 답을 하고, 등장인물들을 만나고 그들의 모험을 따라가면 책에 대한 이해가 훨씬 빨라지고 깊어진다.

짐 라마르크의 책『뗏목을 타고』표지에는 셔츠를 벗은 소년이 강에서 뗏목을 젓는 그림이 나온다. 한가로운 여름 낮과 같은 풍경 속에서 소년은 어깨 너머로 미소를 짓고 있고, 너구리 한 마리가 앞발을 물에 담그고 물장구를 치고 있다. 소년의 옆에는 왜가리가 서 있다. 표지 그림만 봐도 복잡한 도시 생활에 대한 이야기가 아니라는 것을 짐작할 수

있다.

아이와 함께 『뗏목을 타고』의 표지를 보며 이런 대화를 할 수 있다. "소년은 뗏목을 타고 가는 것이 재미있는 것 같아. 하지만 동물들과 함께 여행을 한다는 게 신기하구나. 동물들과 소년은 모두 평화로워 보여. 내 생각에 이 책은 소년과 동물들이 뗏목을 타고 여행을 하면서 겪는 일에 대한 이야기일 것 같구나. 너는 어떻게 생각하니?"

책을 읽기 전에 예측을 해 본 아이는 앞으로 책에서 벌어질 일에 관심을 가진다. 자신의 예측이 맞는지 궁금하기 때문이다. 예측이 틀려도 상관없다. 중요한 것은 나름대로 예측을 하고 그 예측이 맞는지 확인하고 싶어질 정도로 자신이 읽는 글에 깊이 빠져드는 것이다.

책을 계속 읽어 나가면 여러분과 아이는 미리 했던 짐작이나 예측을 수정하게 될 수도 있다. 예로 든 소설 『뗏목을 타고』에서는, 주인공 소년 니키가 여름 방학을 맞아 텔레비전과 친구들이 있는 집을 떠나 시골 할머니와 함께 시간을 보낸다. 책 표지에 나온 미소 짓는 얼굴은 니키가 할머니 집 근처에서 떠다니는 오래된 뗏목을 발견한 다음의 표정이다. 그리고 동물들은 그다음에 나온다.

새들만 뗏목을 좋아한 게 아니다. 어느 날 아침에는 너구리 세 마리가 강가를 따라 나를 쫓아왔다. 또 언젠가는 거북이가 뗏목에 올라타더니 아침 내내 그 위에서 햇볕을 즐겼다. 그리고 어느 오후에는 여우 가족이 나무 사이에 숨어 강을 따라 움직이는 것도 봤다.

– 라마르크, 『뗏목을 타고』(느림보, 2005)

그런가 하면 여러분은 아이가 니키의 특별한 능력에 관심을 갖도록 이끌어 줄 수도 있다. "책 표지를 다시 한번 보자. 이 동물들이 모두 사이좋게 있는 것이 신기하지 않니? 이야기의 진행과 표지로 봐서 나는 니키가 뗏목을 타는 동안 더 많은 동물들을 만날 것 같은데, 너는 어떻게 생각하니?"

아이는 책을 읽어 나가면서 처음에 했던 예측을 더욱 확실히 하거나 반대로 수정하고 새로운 예측을 하게 될 것이다. 그리고 작가의 생각이 아니라 자신의 생각대로 책의 내용을 이해하게 될 것이다. 앞으로 벌어질 사건에 대한 예측을 통해 아이는 이야기에 대한 결론을 내리고 자신의 생각이 맞는지 확인하기 위해 스스로 원해서 계속 책을 읽어 나가게 될 것이다.

책의 주제 찾기

작가가 수많은 실마리를 제공하기는 하지만, 독자는 그 실마리와 증거들을 모아 자기 스스로 결론을 내려야 한다. 대개 책이나 이야기가 전하고자 하는 가장 큰 메시지는 종이에 적힌 글자에만 매달려서는 파악할 수가 없다. 인생에 대한 교훈이라고 해도 좋고, 새로운 시각이라고 해도 좋고, 윤리라고 해도 좋다. 이런 보다 큰 진실을 찾는 것이 사람들이 책을 읽는 이유다. 아이들도 열심히 생각해서 책을 읽는 와중에 "알았다!"라며 교훈을 깨달을 수 있어야 한다.

그렇게 하기 위해 부모는 아이가 흥미를 갖고 읽을 수 있는 책을 마련해 주어야 한다. 앨런 세이의 『간판 화가The Sign Painter』를 예로 들어 보자. 이 책의 앞부분에는 풍경화를 좋아하는 젊은 화가가 등장한다. 하지만 그의 직업은 사막에서 광고판을 그리는 것이다. 광고판마다 그가 그리는 것은 한결같이 금발 머리 여인의 얼굴과 '애로스타'라는 회사 이름이다.

이 책을 읽으면 다음과 같은 대화를 할 수 있다. "좋아, 이 젊은 화가는 풍경화를 그리고 싶지만 늘 똑같은 얼굴만 그리고 또 그려야 해. 그는 자신이 정말로 그리고 싶은 그림을 그리지 못해. 하고 싶지 않은 광고판 그리는 일만 계속하기 때문에 일을 할 때 정성을 기울이지도 않아. 이 글을 읽으니까 프레드 삼촌 생각이 나는구나. 프레드 삼촌도 자기가 하는 일을 싫어하지만 벌써 몇 년째 계속하고 있어. 너는 이 화가가 자기가 싫어하는 일을 계속할 거라고 생각하니? 먹고살아야 하기 때문에 자기가 정말로 좋아하는 일은 포기해야 한다고 생각하니?"

꿈을 추구하면 그 결과가 어떻게 될지 이야기해 볼 수도 있다. 아이한테 여러분의 생각을 들려주자. 여러 가지 가능성을 생각해 보자. 책에서 사건이 진행됨에 따라 얻어 낸 실마리들을 통해 여러분의 생각이 변하는 과정을 아이한테 들려주자. 이야기 속에 등장하는 인물들의 행동을 보면서 추리하는 시범을 보여 주자.

일단 아이가 추리를 시작하면 책을 자기 것으로 소화할 수 있다. 그래서 책에 깊이 빠져들고 책이 지닌 의미에 열광하게 될 것이다.

"책에 더욱 집중할 수 있도록 도와줘요."

"농담을 이해할 수 있게 도와주고, 등장인물들이 어떻게 느끼는지 이해할 수 있도록 도와줘요. 내가 책의 일부가 된 것 같은 기분이 들어요."

"책을 천천히 읽고 더 깊이 생각할 수 있게 해 줘요."

"추리를 하면 정말 그 추리대로 사건이 전개되는지 확인하기 위해 더욱 관심을 기울이게 돼요."

"느낌을 떠올리면서 책을 읽도록 도와줘요."

"책 읽기에 정신을 집중하면 추리를 하게 돼요."

"책을 읽을 때 뇌가 열심히 움직여요. 그래서 한쪽으로는 글자를 읽고 다른 한쪽으로는 열심히 생각을 해요."

"추리는 중요한 단어를 찾아서 그 단어에 대해 생각할 때 하게 돼요. 그 단어가 머릿속에 박히면 책 읽기를 중단하고 작가가 나한테 직접 말해 주지 않은 메시지를 생각하게 돼요."

"책 속에서 무슨 일이 벌어지고 있다는 생각은 드는데 작가가 정확히 말해 주지 않을 때 추리를 해요."

"추리와 책 속의 글자는 달라요. 글자는 눈앞에 나타나 있지만 추리는 자기 힘으로 모은 정보예요."

엄마 아빠 이렇게 해 주세요

추리는 오랫동안 '고난도'의 사고 기술로 여겨져 왔다. 그래서 어느 정도 큰 아이들만 할 수 있는 것이라고 믿어 왔다. 그런데 시간이 지나면서 교사들은 어린아이들도 이야기를 들으면서 추리를 한다는 것을 발견했다. 따라서 여러분의 자녀가 어리다 해도 책을 읽을 때 어떤 일이 벌어질지 추리하면서 재미를 느낄 수 있다. 추리를 하고 그 추리가 맞는지 확인하다 보면 아이는 이야기에 모든 관심을 쏟게 될 것이다. 실제로 아이들은 나이에 상관없이 추리할 줄 알아야 한다.

아이에게 일상적인 사건에서도 예측하거나 결정을 내리는 과정을 설명해 주면 아이의 추리력을 발달시키는 계기가 될 수 있다. 여러분이 어떤 결정을 내릴 때 그런 결정을 내리게 된 배경을 아이한테 설명해 주자. 무언가에 대해 확신하지 못할 때라도 그 단계까지 생각의 흐름이 어떻게 이어졌는지를 이야기해 준다. 예를 들어, "저기 먹구름을 보렴. 오

"내 짐작에는…….."

"내 생각에는…….."

"내가 예측하기로는…….."

"그냥 이건 내 생각인데…….."

"이건 전혀 뜻밖이지만…….."

"여기서 내 결론은…….."

늘 오후에는 비가 올 것 같구나"라거나 "잠깐 책 읽기를 멈추고 우리 함께 이것이 무슨 뜻인지 생각해 보자"와 같은 말을 하면 아이의 사고력과 추리력을 발달시킬 수 있다.

취학 전 단계

말놀이, 수수께끼, 운율이 있는 동요나 동시 듣기 등은 재미도 있으면서 추리력을 싹 틔우는 데 도움이 된다.

"나는 빨갛고 'ㅅ'으로 시작하는 것을 생각하고 있어."

"먹을 수 있는 거야?"

"응!"

"사과야?"

"맞았어!"

이 간단한 대화 속에 추리의 모든 요소가 다 포함되어 있다. 아이는 수수께끼 속에서 실마리를 찾아 철자법에 대한 자신의 배경지식을 동원하고, 사과에 대한 지식을 동원한 다음 어떤 것이 답이 되어야 의미가 통할까를 생각하고서 답을 추리한 것이다.

동요나 동시에 운율을 이루는 단어를 끼워 넣는 훈련도 추리력을 기르는 데 도움이 된다. "리, 리, 리 자로 끝나는 말은 개구리, 보따리, 미나리, 잠자리……." 여기서 동요에 대한 배경지식과 '리'로 끝나는 단어에 대한 배경지식을 동원하면 아이는 노랫말을 문제없이 만들어 낼 수 있다. 이렇게 하면 재미있게 추리하는 법을 가르쳐 줄 수 있다.

사실 추리를 한다는 것은 위험을 감수해야 하는 일이다. 알지 못하는 것을 짐작하고 예측한다는 것은 두려운 일일 수도 있다. 하지만 지금은 추리를 하다가 틀려도 상관없다. 수수께끼를 풀면 푸는 대로 축하해 주고, 못 풀면 못 푸는 대로 넘어가면 된다.

다섯 살짜리 아이를 안고 팻 업턴의 『누가 이 일을 하나?』 같은 책을 읽어 보자. 이 책은 "누가 옥수수를 기르나?"라는 말로 시작된다.

이런 책을 보면 여러분은 이렇게 말할 수 있다. "내가 답을 찾아볼게. 어디 보자. 여기 실마리가 있네. 젖소들이 옥수수 밭을 지나가고 있고 여기 구석에 헛간이 있네. 그리고 여기 여러 가지 기구를 가지고 있는 농부도 있네. 내 생각에는 농부가 옥수수를 기르는 것 같아." 실제로 그 다음 쪽을 보면 농부가 자신이 옥수수를 기른다고 말한다.

여러분이 답에 도달하는 과정을 아이한테 말로 설명해 주면 아이는 추리하는 법을 배운다. 그리고 아이도 그 과정을 따라 나름대로 추리를 한다.

이야기의 앞부분에서 등장인물이 어떻게 행동했는지, 그리고 뒷부분에 가서 어떻게 행동이 달라졌는지를 되돌아봄으로써 아이가 등장인물에 대한 생각과 느낌을 확립할 수 있도록 도와주자. 수업 시간에 하듯 무조건 질문을 퍼붓는 방식은 피하자. 대신 여러분과 아이의 의견을 똑같이 존중하자. 여러분이 결론에 이른 과정을 아이한테 설명해 주되, 서로의 생각을 교환할 수 있는 문을 열어 놓아야 한다. 아이는 여러분이 자신의 생각을 정말로 궁금해 한다고 느끼면 놀라운 생각들을 털어놓을 것이다.

줄리 브링클로의 『반딧불이다!』라는 책에는 노을 속에서 반딧불이를 발견한 소년이 등장한다. 소년이 저녁 식사하는 모습을 묘사한 부분을 보면 반딧불이 때문에 얼마나 흥분했는지 알 수 있다. "난 고기랑 옥수수, 감자를 한입 가득 밀어 넣고 '나가도 되죠? 반딧불이가……'."

이 부분을 읽고 나면 여러분은 이렇게 말할 수 있다.

"이 소년은 반딧불이를 잡고 싶어서 안달이 났구나. 아이는 곧장 유리병을 꺼내 밖으로 나가 반딧불이를 잡을 거야. '난 기뻐서 소리쳤지. "백 마리도 더 잡을 거야!"라고 말한 부분에서는 이 소년처럼 나도 신이 나는 것 같아."

그러면 아이는 이렇게 말할 수 있다. "소년은 유리병 가득 반딧불이를 잡을 거야. 아이는 활짝 웃으면서 마구 뛰어다닐 거야."

이런 대화를 나누면 주인공이 어떤 사람인지 추측할 수 있다. 이야기

그림책

무무 씨의 달그네 | 고정순 | 달그림

오늘 상회 | 한라경 | 노란상상

짱구네 고추밭 소동 | 권정생 | 길벗어린이

꽁꽁꽁 좀비 | 윤정주 | 책읽는곰

친구의 전설 | 이지은 | 웅진주니어

돌배가 보고 온 달나라 | 권정생 | 창비

동화책

칠칠단의 비밀 | 방정환 | 사계절

고양이 해결사 깜냥1 | 홍민정 | 창비

양순이네 떡집 | 김리리 | 비룡소

토끼와 원숭이 | 마해송 | 여유당

홍길동전 | 서정오 | 보리

속의 소년은 신이 나서 뛰어다니고, 친구들한테 소리치고, 밤에는 아버지한테 유리병 가득 반딧불이를 잡았다고 자랑한다.

하지만 유리병 속 반딧불이들의 빛이 희미해지면서 들떴던 소년의 기분이 변한다. "'불빛은 점점 흐려져서 초록빛이 되고, 물속에 잠긴 달빛처럼 변했어.' 난 눈을 질끈 감고, 베개에 얼굴을 묻었어. 그건 내 반딧불이였어. 내가 잡았고, 내 유리병에 불을 밝혔어."

여러분은 소년이 반딧불이를 잡으려고 얼마나 애를 썼는지, 그리고 유리병에 잡아 놓은 반딧불이를 얼마나 자랑스러워했는지 잘 알기 때문에 죽어 가는 반딧불이를 바라보는 소년의 심정이 어떨지 짐작할 수 있을 것이다. 친구들과 함께 태평스럽게 뛰어다니던 소년은 이제 고통스러운 결론에 도달한다.

> 내 유리병은 어둡고, 텅 비었고, 달빛과 반딧불이들이 눈물 속에 아롱거렸지. 하지만 난 웃고 있는 나 자신을 느낄 수 있었어.
>
> － 줄리 브링클로,『반딧불이다!』(지양어린이, 2005)

자랑스럽게 여기던 반딧불이를 풀어 준 소년의 마음을 여러분도 이해할 수 있을 것이다. 옳은 일을 한다는 것이 어려울 때도 있다. 이것이 이 책을 읽으면서 추측한 메시지이며, 매우 중요한 교훈이다.

고학년 단계

루이스 새커에게 뉴베리 상을 안겨 준 『구덩이』는 읽는 순간 독자의 마음을 사로잡는 작품이다. 이 책의 주인공 스탠리 옐내츠는 범죄를 저질렀다는 억울한 누명을 쓰고, 텍사스 사막 한가운데에 있는 말라 버린 초록호수 옆의 소년 캠프로 보내진다.

말만 캠프이지, 말썽꾸러기들을 교정하는 소년원에 도착한 스탠리는 입던 옷을 빼앗기고 대신 오렌지색 작업복을 입는다. 그리고 선생님이라는 사람이 다음과 같이 지시한다. "너는 하루에 구덩이를 하나씩을 파야 한다. 토요일, 일요일 같은 건 없다. 구덩이는 깊이가 1.5미터, 폭도 어느 쪽으로든 1.5미터가 되어야 한다. 삽을 자로 쓰면 된다. 아침 식사

180

시간은 4시 30분이다……. 여기는 걸스카우트 캠프가 아니다."

여기까지 읽고 나면 여러분은 이곳이 모닥불 주변에 둘러앉아 오순도순 이야기를 나누는 즐거운 캠프가 아니라는 것을 추측할 수 있다. 그리고 '선생님'이라는 사람이 스탠리한테 앞으로 벌어질 일을 암시하고 있음을 추측할 수 있다. 여러분은 아이한테 이렇게 말할 수 있다. "이 아이들한테 이런 구덩이를 파라는 것은 정말 힘든 벌이야. 너는 앞으로 어떤 일이 벌어질 거라고 생각하니?"

이 책을 계속 읽어 나가면, 불쌍한 스탠리는 말라 버린 호수 바닥에 구덩이를 파는 일 말고도 많은 일을 겪는다. 소년원이 있는 지역이 한때는 번화한 마을이었고, 키스하는 케이트 바로우라는 도둑이 활개를 쳤다는 사실도 책에서 밝혀진다. 거기까지 읽고 나면 여러분과 아이는 소년원의 선생님이 단순히 아이들의 버릇을 고치기 위해서가 아니라 도둑이 땅속에 숨겨 둔 것을 찾으려는 욕심에서 구덩이를 파라고 지시하는 것임을 짐작할 수 있다.

『구덩이』는 사실을 알아내고, 질문을 하고, 배경지식을 활용하고, 추리를 하고, 감각 이미지를 떠올리면 점점 더 재미있어진다. 그리고 스탠리와 그의 친구 제로가 도마뱀 둥지 한가운데 있는 보물을 발견했을 때 노란 반점 도마뱀이 두 소년을 왜 물지 않았을까 궁금해질 것이다.

"노란 반점 도마뱀들이 두 소년의 몸 위로 기어올라 왔다가 그대로 물러가서 두 소년이 보물 상자를 가지고 구멍을 빠져나오는 장면은 정말 재미있었어! 샘이 오래전에 초록호수 마을 사람들한테 해 주었던 충고가 생각나는구나. 양파만 있으면 어떤 병이든 나을 수 있다고 하던 그의 말이 생각나니?"

그러면 아이는 자신의 생각을 이렇게 덧붙일 수 있다. "잠깐만. 소년
들은 기운을 차리기 위해 양파를 다 먹었던 거야. 그리고 노란 반점 도
마뱀은 양파 냄새를 싫어해. 그래서 노란 반점 도마뱀이 소년들을 물지
않고 물러난 거야!"

루이스 새커는 독자들 스스로 생각해 내도록 다음과 같이 적고 있다.

그러나 스탠리와 제로의 삶에 일어난 모든 변화를 하나하나 세세하게 이야
기하는 것은 따분하기 짝이 없는 일이 될 것이다. 그 대신 스탠리와 헥터가
초록호수 캠프를 떠난 지 1년 반쯤 지난 뒤에 벌어진 일을 여러분에게 마지
막으로 이야기해 주겠다.
남은 구덩이는 여러분 스스로 메워야 할 것이다.

– 루이스 새커, 『구덩이』(창비, 2007)

여러분과 아이가 실마리의 조각들을 맞추면 현재의 등장인물과 그들
의 조상에 대해서도 추측할 수 있다. 이처럼 추리를 하면 복잡한 상황도
얼마든지 이해할 수 있다.

학생이 '온 세상에 대해 추측하고', '새로운 진실과 사실, 새로운 아이디어를 가져오게' 하는 교사는 추리하는 법을 가르치는 셈이다.

실습 시간

교사는 어떻게 해야 학생들한테 추리하는 법을 가르쳐 줄 수 있을까? 재미있는 그림책, 관심을 집중시키는 신문 기사, 소설의 한 부분, 잡지 기사 등 추리하는 법을 가르쳐 줄 수 있는 자료는 무궁무진하다. 크리스는 초등학교 6학년 학생들에게 다음과 같은 방식으로 추리하는 법을 가르쳤다.

추리에 대해 배우는 첫날, 나는 '글자+배경지식=알았다!'라고 적은 표어를 학생들에게 보여 주었다. 내가 그 뜻을 설명하는 동안 학생들은 얌전히 귀 기울여 들었지만, 그 뜻을 정확히 이해하는 것 같

> 교실에서 우리는 온 세상에 대해 추측했다. 선생님이 우리에게 호기심을 불어넣어 주어서 매일 아침 우리는 새로운 진실과 사실, 새로운 아이디어를 반딧불이처럼 소중히 들고서 왔다. 그러던 선생님이 떠났을 때 우리는 많이 슬펐다. 하지만 빛은 사라지지 않았다. 선생님은 우리 마음에 깊은 인상을 남겼다. 많은 선생님들한테 배웠지만 그 선생님처럼 내게 새로운 방향, 새로운 목마름, 새로운 태도를 가르쳐 준 선생님은 그리 많지 않다. 나는 내 자신이 선생님이 쓰다 만 원고 같은 존재라는 생각이 든다. 그분의 손에는 엄청난 힘이 숨어 있다.
> – 존 스타인벡, 『전직 교사(A Former Teacher)』

지는 않았다. 나는 아이들에게 추리하는 과정을 구체적으로 보여 주어야만 했다.

어느 날 '스누피' 만화를 통해 추리하는 과정을 보여 줄 기회가 생겼다. 나는 우선 아이들한테 내가 만화를 보는 데 익숙하지 않다고 말했다. "만화는 나보다 너희들이 더 잘 볼 거야. 너희는 내가 만화를 다 본 다음에 독자로서 어떻게 행동했는지 말해 주면 돼."

나는 크게 확대한 네 칸짜리 스누피 만화를 칠판에 붙였다. "첫 번째 칸에는 등장인물 둘이 밖에 있는 모습이 담겨 있어. 나무가 있고, 풀이 있고, 구석에는 건물도 있어. 이 아이들이 남자아이인지 여자아이인지, 나는 잘 모르겠어. 이 아이들은 걸어가는 것처럼 보이는구나. 나는 이 두 아이가 맑은 날 서로 이야기하는 모습이 떠올라. 이 아이들 중 하나는 여자아이인 것 같구나. 커다란 봉투를 조심스럽게 들고 가는 아이가 여자아이야. 여자아이는 미소를 지으면서 '스누피가 기말 보고서를 타이핑해 줬어'라고 말하는구나.

이 말을 보니까 이상하네. 내가 알기로 스누피는 개인데, 개가 얼마나 똑똑하기에 숙제를 타이핑해 줄 수 있지? 나는 기말 보고서를 쓸 때 몇 주가 걸렸는데…… 아무래도 이 아이는 보고서를 제출하기 전에 다시 읽어 봐야 할 거라고 생각해."

나는 만화에 나온 글을 읽고, 그림을 설명하고, 내 머리에 떠오른 생각들을 말했다. 그리고 만화를 붙인 옆에 내가 말한 생각들을 적었다.

나는 나머지 세 칸의 만화에 대해서도 내 생각을 말하고 그것을 옆에 옮겨 적었다. 내 설명이 끝나자 칠판은 내 머리에 떠오른 질문과 생각들

- 추리를 하면 종이에 적힌 글자 이상의 내용을 자세히 상상할 수 있다.

- 배경지식과 글이나 그림 속에 있는 실마리를 연결지어 추측하면 글에서 자세히 설명하지 않은 내용에 대한 의견을 생각해 낼 수 있다.

- 추리를 하면 글을 읽으면서 떠오른 질문에 대한 답을 얻을 수 있다.

- 감각 이미지는 추리한 내용을 그림으로 떠올린 것이다.

- 추리는 앞으로 벌어질 일을 미리 생각해 보는 것이다. 예측한 다음 책을 읽어 나가면서 그 예측을 확실히 하거나 수정하면 된다.

- 모르는 단어가 나오면 글의 문맥과 그림에 숨은 실마리를 이용해 가장 의미가 통하는 뜻을 생각해 낸다. 그것이 곧 추리이다.

- 추리는 작가가 구체적으로 표현하지 않은 메시지를 찾아내는 것이다.

- 등장인물에게 공감하고, 농담을 보면서 웃고, 수수께끼의 답을 찾아내고, 이야기의 배경을 이해하고, 미스터리를 풀어 가는 모든 과정이 추리이다.

로 가득 찼다.

학생들에게 내 생각의 흐름을 보여 주어서 그 아이들이 만화를 보든, 신문 기사를 보든, 소설을 보든, 스스로 추리를 할 수 있도록 이끌어 주는 것이 나의 목적이었다.

내가 기록한 글과 나의 행동을 본 학생들은 추리에 대해 다음과 같은 정의를 내렸다.

- 읽기를 멈추고 생각한 다음 다시 읽는 것
- 자신이 알고 있는 것을 글과 그림에 연결하는 것
- 지금까지 일어난 일을 다시 생각해 보는 것
- 앞으로 일어날 수 있는 일에 대해 질문하는 것
- 글이 무엇을 의미하는지 돌이켜 생각해 보는 것
- 자신과 대화하고 의견을 제시하는 것
- 자신의 마음속을 들여다보는 것
- 작가가 남겨 둔 실마리를 합치는 것
- 결론을 내리거나 짐작이나 더 큰 생각을 하는 것

이 목록을 보자 나보다 학생들이 추리에 대해 더 잘 알고 있다는 생각이 들었다. 그 후 아이들은 내가 알려 준 방법을 활용하면서 책을 읽었다.

다음과 같은 질문을 하면 실습 시간에 여러분이 알려 준 방법에 따라 아이들이 제대로 추리력을 발휘하는지 확인할 수 있다.

- 작가는 제목 속에 선물을 숨겨 놓았어. 책을 읽기 전에 제목만 보고 어떤 추리를 할 수 있을까? 그런 추리를 하는 것이 책을 읽는 데 도움이 될까?
- 이 장을 거의 다 읽었구나. 처음에 예측했던 내용을 확인해 봤니? 네 예측이 맞았니? 궁금해 하던 질문의 답을 찾았을 때 기분이 어땠니? 가끔은 예측이 틀릴 수도 있다는 것을 친구들한테 이야기해 줄 수 있겠니?
- 어려운 단어가 나왔구나. 여기에 어떤 말을 넣으면 뜻이 통할까? 이 문장 속에서 어떻게 해서 이런 뜻을 추리해 냈니?
- 우리는 단어들이 무슨 뜻인지도 알아야 하지만 전체적인 글 속에 어떤 의미가 숨어 있는지도 알아내야 해. 추리를 하니까 글을 이해하는 데 도움이 되었니?
- 작가는 우리를 위해 실마리를 남겨 둔단다. 우리가 할 일은 실마리를 한데 모아서 커다란 아이디어를 만들어 내는 거야. 너는 그렇게 했니? 잘했구나. 이 부분을 처음 읽으면서 실마리를 찾아낸 부분에 표시를 하렴.
- 잘했어! 이 이야기에 너의 생각을 집어 넣어봤구나. 오늘 저녁 일기

에 너의 생각을 적어 보렴.

• 작가는 너에게 어떤 메시지를 주려고 한 걸까? 그런 생각은 어디서 나왔니? 그런 생각을 하면서 읽으니까 읽은 내용이 잘 기억나니?

• 이렇게 알아낸 내용을 독후감에 적을 때 이 내용들이 너한테 어떤 의미가 있을까?

• 시간이 바뀌었다는 것을 어떻게 알아냈니? 어떤 단어들이 그런 결론을 내리게 했니? 만약 네가 작가라면 독자들한테 직접적으로 알려 주지 않고 어떤 방법을 통해 그런 사실을 전할 수 있을까? 독자가 추리를 할 수 있게 글을 쓴다는 것은 무슨 뜻일까?

• 우리 수업을 듣지 않은 친구들에게 추리에 대해 어떻게 설명해 주면 될까? 추리가 책을 읽는 데 얼마나 도움이 되었니?

선생님과 학부모가 함께해요

• 학부모들이 작은 그룹을 만들어 아이들한테 그림책을 읽고 토론하는 시범을 보여 준다. 아이들을 학부모들 주위에 둥글게 모여 앉게 한 다음 토론을 자세히 살펴볼 수 있도록 한다. 이렇게 하면 학급 내에서 독서 모임을 만드는 계기가 될 수도 있고, 아이들한테 하나의 책에 대해 여러 가지 추리가 가능하다는 것을 보여 줄 수도 있다. (뛰어난 교사이자 『의미를 가지고 읽기Reading with Meaning』의 저자 데비 밀러가 제안한 방법이다.)

- 아이들에게 부모님께 보여 주고 추측을 하게 할 시와 수수께끼를 만드는 숙제를 내주고, 시와 수수께끼에 대해 부모님의 의견을 받아 오게 한다.
- 수업 시간에 학부모를 초청한다. 학생들이 만든 수수께끼와 시를 읽고, 몸짓으로 알아맞히는 놀이를 하고, 잘 사용하지 않는 낯선 주방 기구의 용도 알아맞히기나 병에 든 내용물 알아맞히기, 조각난 그림의 정체 알아맞히기, 미스터리 풀기, 무서운 이야기의 마지막 부분 만들기 등 추리력을 활용할 수 있는 놀이를 한다.

제 6 장

무엇이 중요한가, 왜 중요한가

독서습관 5
가장 중요한 것을 찾아라

독서습관 6
정보를 종합하라

자신을 위해 발견하는 것보다 더 가슴 설레는 일은 없다.

– 조지 워싱턴 카버

이 장에서는 글 속에서 중요한 것을 찾아내는 능력과 찾아낸 중요한 정보들을 종합하거나, 글 전체의 의미와 중요한 요점을 찾는 능력에 대해 알아보도록 하자.

우리가 먼저 생각해 봅시다

튤립에 관한 이번 장의 주요 내용은 다음 두 가지다. 하나는 꽃에 관한 내 어린 시절의 무딘 감각이고, 다른 하나는 네덜란드 사람들이 짧은 기간 꽃에 열광했던 비이성적인 열정이다.

아이의 시각은 그 나름대로 냉정한 논리를 담고 있다. 즉, 유용함이라고는 찾아볼 수 없는 그 모든 아름다움은 비용과 수익이라는 측면에서 보자면 도무지 이해할 수 없다는 논리이다. 하지만 아름다움이라는 것이 원래 그런 게 아닐까? 역사를 보면 비단 17세기의 네덜란드 사람들뿐 아니라 인류 전체가 그들처럼 꽃을 향한 비이성의 광풍에 휩쓸렸다고 할 수 있다.

그렇다면 이런 경향은 우리에게, 그리고 동시에 꽃에 어떤 의미가 있을까? 식물의 성적 기관이 어떻게 가치와 지위, 에로스에 대한 인간의 관념과 교접할 수 있었을까? 옛날부터 인간이 꽃에 매력을 느껴 왔다는 사실을 놓고 우리는 아름다움에 관한 심오한 신비스러움(이것을 어떤 시인은 '아무런 대가가 없는 우아함'이라고 불렀다)에 관해 무엇을 배워야 할까? 아름다움은 정말 아무런 대가가 없을까?

– 마이클 폴란, 『욕망하는 식물』 중

「아름다움의 욕망 : 튤립」(황소자리, 2007)

주디는 내가 마이클 폴란의 책을 꺼내는 순간부터 내가 그 책에 푹 빠질 것임을 알았다. 『욕망하는 식물』은 정원 가꾸기 마니아라고 할 수 있는 나에게 딱 맞는 책이었다. 주디는 다음 워크숍을 위해 이 책이 선택되기를 바랐다.

이 책에서 '튤립'에 대한 장은 많은 정보가 담겨 있었다. 나는 펜을 들고 내 생각의 흐름을 책 여백에 기록했다. 이 장은 소제목 없이 여백과 마침표로 단락을 구분했다. 나는 각각의 단락에 개별적인 정보가 들어 있고, 그런 형식이 정보를 이해하는 데 도움이 된다고 생각했다.

마이클 폴란은 "튤립에 대한 이번 장의 주요 내용은 다음 두 가지다"라는 말로 글을 시작했다.

나는 '두 가지 내용은 무엇일까? 그것이 이 장을 이끌고 갈 핵심 주제일까?'라는 생각이 들었다. 그 첫 번째 태도에 대해 마이클 폴란은 "꽃에 대한 내 어린 시절의 무딘 감각"이라고 하면서 "도무지", "유용하지 못한", "비이성의" 등의 단어를 사용했다. 이런 단어들을 보고 나는 놀라지 않을 수 없었다. 나는 오래된 수영장을 꽃밭으로 만들어 버릴 만큼 꽃 가꾸기에 열심인 사람이다. 그러니 꽃에 대해 그런 부정적인 단어를 사용한다는 것을 도저히 받아들일 수가 없었다. 나는 마이클 폴란이 꽃에 대해 완전히 잘못 알고 있다는 생각이 들었다.

그런데 그다음 문단에서는, 작가가 살펴보려 했던 또 다른 극단적인 태도를 만나게 되었다. 그것은 꽃의 아름다움과 관계되는 것이었다. 그는 17세기 네덜란드인뿐만 아니라 "인류 전체"가 "꽃을 향한 비이성의 광풍에 휩쓸렸다고 할 수 있다"라고 적어 놓았다. 이 부분에서 마이클 폴란은 나의 정체를 알아차린 것 같다. 나는 한밤중이라도 손전등을 들고 나가 꽃꽂이용 꽃이 잘 자라고 있는지 확인해야 직성이 풀리는 사람이다.

이제야 나는 마이클 폴란이 어떤 극단적인 태도 사이를 오가는지 알게 되었다. 그는 '유용하지 못한 아름다움'과 '심오한 신비스러움을 지닌 아름다움' 사이를 오가는 것이었다. 하지만 나는 그가 꽃에 대해 더 많이 이야기할 것이라는 것을 눈치챘다. 17세기 네덜란드에서는 덧없는 아름다움에 대해 극단적인 집착이 벌어졌다. 이름하여 '튤립 열풍'이 일어났던 것이다. 튤립 재배업자들이 구근 하나를 사는 데 어마어마한 값을 치렀고, 그 바람에 아름답지만 결국에는 '유용함이라고는 찾아볼 수 없는' 재화의 가격에 따라 네덜란드 경제가 들썩거렸다. 꽃을 향한 '비이성의 광풍'이라는 말에는 어떤 속뜻이 숨어 있을까? 아름다움에 목적이 있어야 할까'? 비용 편익 분석을 해 보았을 때 제값을 못 하지만 그래도 상관없는 것이 꽃 말고 또 있을까?

나는 주디한테 전화를 걸었다. "튤립에 대해 많은 것을 알게 되었어."

"나도 그래." 주디가 말했다. "가장 기억에 남는 것은 네덜란드 사람들이 비싼 돈을 주고 산 구근이 바이러스에 감염되어 꽃잎에 줄무늬가 있는 변종이었다는 거야. 그러니까 줄무늬 있는 튤립은 결함이 있는 품종이었던 거지!"

그 당시 네덜란드인들은 몰랐지만, 책에 의하면 튤립의 잎이 갈라진 것도 바이러스 때문이라는 사실이 밝혀지자, 아름다움을 향한 찬사는 사라져 버렸다.

"그러니까 그들이 아름답다고 생각했던 것이 사실은 기형이었던 거야……." 나는 말꼬리를 흐렸다.

"맞아. 알록달록한 잎이 사실은 병든 것이라는 기사를 읽었어. 시간이 지나면 꽃 스스로 균일한 초록색 잎이 나도록 스스로를 '치유'한대."

"내가 키우던, 알록달록했던 헬리옵시스도 그랬어." 내가 끼어들며 말했다. "하얀 잎에 푸른 엽맥이 있는 품종이라고 해서 샀는데, 잎의 색깔이 변했어. 이제야 그 이유를 알겠네."

우리는 함께 웃었다. 주디가 다시 말했다.

"마이클 폴란은 아름다움에 대한 문화적 차이와 아름다움이라는 것이 얼마나 주관적인지, 그리고 인간의 선택이 생물의 생존과 도태에 어떤 영향을 미치는지를 말하려는 것 같아." 주디는 자신에게 가장 중요한 것이 무엇인지 결정했고(바이러스가 구근에 미친 영향), 그 정보를 종합해 인간 사회에 대한 더 넓은 통찰력을 갖게 되었다.

나는 여전히 책을 읽고, 주디와는 전혀 다른 방향으로 정보를 종합한다. 마이클 폴란은 꽃의 연약함에 대해, 그 아름다움이 얼마나 빨리 사라지는지에 대해 지적했다. 우리가 꽃을 보며 "이성을 잃고 칭송해 마지않는" 이유가 우리 눈앞에서 꽃을 피우기 때문은 아닐까? 잠시 피었다가 지는 아름다움은 우리의 덧없는 인생을 상징하는 것이 아닐까? 꽃은 아름다움에 대한 신비와 인생에 대한 신비를 우리에게 가르쳐 주고 있는 것일까? 그래서 폴란은 우리 인간이 꽃에 대해 고대로부터 애정을 품어 왔다고 쓴 것일까?

– 크리스 허친스

중요한 정보를 찾는다

텔레비전에서 뉴스를 보면 정보가 홍수처럼 쏟아진다. 화면 아래쪽에 흐르는 자막으로는 전국의 날씨와 그날의 경기 결과를 알려 주고 주식 시황도 알려 준다. 그리고 앵커는 계속해서 그날의 주요 뉴스를 전달한다. 이렇게 복잡한 텔레비전 화면에서 무엇을 보고 무엇을 들어야 할까? 무엇이 중요한지 어떻게 결정할까?

현대 사회는 정보의 바다이다. 손가락 하나만 까딱하면 텔레비전, 인터넷에서 우리 할아버지, 할머니 때는 상상도 못 했을 만큼 엄청난 양의 정보가 쏟아져 나온다. 하지만 정보가 곧 지식이라는 등식은 성립하지 않는다. 수전의 친구는 언젠가 "우리는 과다하게 많은 정보를 가지고 있지만 정보 그 자체만으로는 아무 쓸모가 없다. 우리가 정보를 받아들여서 그에 대해 생각하고, 정리하고, 자기 것으로 만들어야 비로소 지식이 되는 것이다'라고 말했다.

수많은 정보 중에서 무엇이 중요한가를 골라내고 골라낸 정보를 종합하여 의미 있는 것으로 만들어야 비로소 지식이 된다. 책에서든 일상생활에서든, 중요한 것과 그렇지 않은 것을 구분할 줄 알아야 한다.

요점 찾는 방법

교과서에서 중요한 요점을 찾아내는 일은 비교적 쉽다. 그 목적을 위해 만들어진 교과서에서 각 문단의 핵심을 담은 첫 문장이나 마지막 문장을 골라내기만 하면 된다. 하지만 교과서가 아닌 책은 지루하기는 마찬가지라 해도 그런 식으로 구성되어 있지 않다. 이런 책을 이해할 때 가장 중요한 능력은 중요한 것과 그렇지 않은 것을 분간하는 능력이다.

크리스는 튤립에 대한 글을 읽을 때 한 가지 목표가 있었다. 그 책이 워크숍에서 읽기에 적당한지 판단하는 것이었다. 그런 다음 어떤 부분을 먼저 읽을지 결정했다. 튤립에 대한 부분을 선택한 크리스는 워크숍에서 읽게 될지도 모르는 책에서 무엇이 중요하고, 무엇이 흥미를 유발하고, 무엇이 불만스러운지를 찾아내면서 읽어 나갔다. 그리고 펜을 들고 생각의 흐름을 여백에 적어서 가장 중요하다고 생각한 정보를 다시 살펴볼 수 있도록 했다.

또한 그녀는 전체 구성에도 신경을 썼다. 그 덕분에 새로운 정보가 어디에 위치해 있는지 알아낼 수 있었다. 그리고 정원 가꾸기와 꽃에 대한 관심이 있어서 배경지식 덕분에 작가가 제시하는 개념도 쉽게 이해할 수 있었다. 크리스는 스스로 질문을 했고, 중요한 정보를 찾아냈고, 주디와 함께 책에 대해 토론도 했다.

이런 과정을 통해 글에서 무엇이 중요한가를 찾아냈고, 튤립을 다룬 부분에 대해 나름대로 결론을 내렸다. 배경지식을 활용하고, 질문하고, 추리를 통해 정보를 종합하면서, '아름다움의 목적'에 대해 깊이 있는 통찰을 하게 되었다. 그와 동시에 주디 또한 자신과 다르지만 역시 깊이 있는 결론을 내렸다는 것도 알게 되었다. 그래서 이 책은 워크숍에서 읽기에 적당하다고 결론을 내리게 되었다.

무엇이 중요한가?

친구한테 읽을 만한 책을 추천해 달라고 했다가 친구가 세세한 내용까지 전부 다 말해 버려서 읽는 재미가 사라진 적이 있는가? 그 친구는 모든 세세한 사항이 전부 중요하다고 생각했기 때문에 그런 일이 벌어진 것이다. 그 친구는 정말로 중요한 것이 무엇인지 찾는 법을 배워야 한다.

중요한 것을 찾아내기 위해서는 그 책을 왜 읽는지 알아야 하고, 책의 전체적인 의미나 목적을 이해하기 위해 어떤 정보나 아이디어가 필요한가를 알아야 한다.

일상생활에서도 우리는 늘 무엇이 중요한가를 결정하고, 우선순위를 정하고, 무엇을 먼저 하고 무엇을 나중에 해야 하는지를 정한다. 이제 난방을 시작해야 하는 초겨울의 어느 날, 보일러가 고장 났다고 가정해 보자. 우선 보일러 수리공을 불러 보일러를 살펴보게 할 것이다. 수리공이 보일러를 살펴보는 동안, 머릿속으로 산 지 10년이 되어 주행 거리가 20만 킬로미터가 되어 가는 자동차도 슬슬 바꿔야 하고, 아파트가 낡아 여기저기 수리를 해야 한다는 사실이 떠오르자, 은행 잔고가 걱정된다. 그러다가 수리공이 이번 겨울에는 보일러를 교체하지 않고 쓸 수

있을 것 같지만, 장담은
할 수 없다고 말한다.
그러면 머릿속으로 보
일러를 교체하는 것과
수리하는 것의 가격을

> 일상생활에서도 우리는 늘 무엇이 중요한가를 결정하고, 우선순위를 정하고, 무엇을 먼저 하고 나중에 해야 하는지 정한다.

비교하고, 당장 중요한 일의 우선순위를 정해 보일러 교체는 내년으로
미루기로 한다.

글에서 가장 중요한 요점을 찾아내는 과정은 글을 읽기 전에 하는 다
음과 같은 몇 가지 간단한 행동으로부터 시작된다. 우선 글을 읽는 목적
을 생각하고, 주의를 기울여 새로운 사실을 찾고, 구체적인 질문을 머리
에 떠올리며 읽고, 특히 비소설 도서의 경우 중요한 요점이 두드러지게
끔 구성되었는지 신경을 쓴다. 어린아이들도 매일 책을 읽을 때 이런 과
정을 따른다. 이런 과정을 적절하게 활용하기만 하면 무엇이 중요한지
찾아내는 것은 아주 쉽다.

왜 읽는가?

자신이 책을 읽는 목적을 알면 무엇이 중요한가를 찾아내기가 한결
쉬워진다. 현실 도피를 위해 책을 읽을 수도 있고, 학습을 위해, 꿈을 이
루기 위해, 까다로운 질문에 대한 답을 찾기 위해, 발표 준비를 위해, 숙
제를 위해 책을 읽을 수도 있다.

서점 판매대 앞에 서서 《아름다운 집과 정원 가꾸기》Better Homes and

Gardens》같은 잡지를 보는 것과 독서 모임을 위해 소설을 읽는 것은 완전히 다른 독서 경험이다. 잡지를 뒤적일 때는 인테리어 전후의 주방이나 욕실 사진을 비교하면서 다음에 집수리할 때 집을 어떻게 꾸밀지 아이디어를 얻을 수 있다. 맛있어 보이는 음식 조리법을 유심히 들여다보지만, 핵심적인 정보를 외우기 위해 정신을 집중하는 일은 거의 없다.

하지만 독서 모임을 위해 소설을 읽을 때는 사정이 다르다. 중요한 사건, 전개 과정, 줄거리를 외우려고 애쓸 뿐만 아니라, 독서 토론에 참가해서 할 말을 생각하기도 한다. 이처럼 책을 읽는 목적에 따라 주의 깊게 읽기도 하고 그렇지 않기도 하는 등 중요한 것을 찾아내는 데 영향을 미친다.

새로운 사실 찾기

초등학교 3학년 학급에서 시모어 사이먼의 『아무도 사랑하지 않는 동물들Animals Nobody Loves』이라는 책을 읽었다. 선생님은 책을 읽기 전에 이렇게 말했다. "이 책을 보면 몰랐던 것을 배우게 돼. 쥐가오리에 대해 읽었던 것 기억나니? 무려 6미터나 되는 쥐가오리도 있대. 그럼 지금부터 또 새로운 사실들을 찾아보자."

책을 읽는 동안 아이들은 바퀴벌레는 최고 시속 4.8킬로미터로 달릴 수 있고, 바퀴벌레 새끼는 동전만큼 얇은 틈으로 빠져나갈 수 있다는 사실을 알아냈다.

새로 알아낸 사실에 대해 선생님은 "세상에! 바퀴벌레는 정말 빠르고 어떤 공간이든 비집고 들어갈 수 있구나. 그래서 바퀴벌레를 없애기가 그렇게 힘든 거였어"라고 말했다.

이런 대화를 나누면 학생들이 책을 읽는 목적을 제대로 이해하고 계속해서 새로운 사실을 찾아내도록 유도할 수 있다.

벌레에 관심이 많은 마이클은 지상에서 3킬로미터 되는 높이에서 풍선 거미가 발견되었다는 사실을 설명한 부분에 표시했다.

아이가 그 부분에 표시한 것을 보고 선생님은 이렇게 물었다.

"정말 대단하구나. 왜 이 부분을 기억하겠다고 표시를 했니?"

"저는 보이스카우트예요. 전에 9킬로미터 행군을 한 적이 있어요. 그때 저는 3킬로미터쯤부터 완전히 지쳤어요. 그래서 3킬로미터가 얼마나 긴지 아는데, 풍선 거미가 땅에서 그렇게 높이 떠 있을 수 있다는 게 신기해요. 저한테는 그게 중요하게 느껴졌어요."

마이클은 벌레에 대한 수많은 사실을 추려 내고 9킬로미터를 행군한 경험에서 거리에 대한 배경지식을 기억해 내서, 풍선 거미에 대한 새로운 정보를 받아들였다. 그리고 새로운 정보를 받아들인다는 사실을 인식한 덕분에 무엇이 중요한지 찾기도 쉬워졌다.

질문에 대한 답 찾기

책을 읽는 또 다른 이유로 질문에 대한 답 찾기를 들 수 있다. 여러분의 가족이 겨울 산 등반을 계획하고 있다고 하자. 겨울 산은 눈사태 위험도 있고 위험한 사고도 자주 발생한다. 그래서 구조 표시등이 아주 필요하다는 생각이 들었다. 그런데 이런 의문이 떠올랐다. 구조 표시등은 어떻게 작동하는가? 눈사태가 났을 때 그것이 정말로 인명 구조에 도움이 되는가? 그 정도 값어치를 하는 물건인가?

이제 여러분은 아이한테 도움을 청하면서 스티븐 크레이머의『눈사태^Avalanche 』라는 책에서 답을 찾기로 한다. 이 책에는 눈사태가 어떻게 시작되는지에 대한 도표가 있고 눈사태 위험이 큰 지역에 대한 지도도 들어 있다. 하지만 여러분은 구조 표시등의 효과에 관심이 있기 때문에 재빨리 '구조'라는 소제목의 장으로 넘어간다.

> 눈이 많은 산악 지대로 들어간 사람들이 안전한 장비를 갖추고 있을 경우 구조 작전은 훨씬 빠르고 쉽게 이루어질 수 있다. 그중에서 가장 필요한 안전 장치가 바로 구조 표시등으로…… 스키나 스노우모빌을 타거나 눈신을 신고 행군을 할 때는 구조 표시등을 켜야 한다. 눈사태로 사람이 휩쓸려 가면 그룹의 나머지 사람들이 구조 표시등을 켜고 사라진 사람의 흔적을 찾아야 한다. 몇 분 내로 눈 위를 다니며 주의 깊게 귀를 기울이면 일행이 묻힌 자리를 찾아낼 수 있다.
>
> – 스티븐 크레이머,『눈사태』

여기까지 읽으면 아이한테 이렇게 말할 수 있다. "이제 우리가 찾던 답을 찾았구나. 구조 표시등을 사는 것이 좋겠어."

그러면 아이는 이렇게 답할 것이다. "엄마, 이 책을 보니까 눈신을 신고 행군할 때는 구조 표시등이 있는 사람들하고 함께 가야겠다는 생각이 들어요."

무엇이 중요한지 결정하기

아이가 아동용 동물 잡지에서 뇌조에 대한 기사를 읽고 있다. 기사의 앞부분에는 굵은 글씨체로 세 개의 질문이 적혀 있다. 아이는 네 개의 뇌조 사진에 글자가 적혀 있는 것을 보았다. 기사는 굵은 글씨체로 쓰인 소제목 다섯 개로 나뉘어 있었다.

아이는 마지막 사진까지 살펴본 후 처음에 읽지 않고 건너뛴 소제목을 다시 찾아본다. 소제목의 첫 번째 단어인 '마법'이라는 글자는 밝은 회색 바탕에 하얀 글씨로 적혀 있어서 쉽게 눈에 띄지 않는다. 두 번째 단어 '쇼'는 바탕의 하얀 새 사진 때문에 글자의 일부분이 희미하게 보였는데, 새는 몸을 숨기려는 듯 그 면 전체의 바탕을 이루고 있다. 이런 구성을 보자, 아이는 기사의 글을 읽지 않고도 뇌조가 위장술이 대단하며 눈 속에 숨으면 쉽게 눈에 띄지 않는다는 것이 이 기사에서 전하려는 요점임을 알아차린다.

이제 아이는 지면 배치 또는 레이아웃의 중요성을 깨닫는다. 교과서를 포함해서 비소설 도서의 경우, 지면 배치는 무엇이 중요한가를 알리는 데 결정적인 역할을 한다. 제목, 강조된 꼭지 제목, 설명이 붙은 사진, 인용문, 그래프, 시간표, 지도 등에는 무엇이 중요한가를 알려 주는 중요한 정보가 들어 있다. 아이가 이런 실마리에 관심을 가져 책에서 제시하는 모든 정보를 인식할 수 있도록 도와주자. 책에 담긴 내용은 독자에게 무엇이 중요한가를 알려 주는 안내판이나 마찬가지이다.

그리고 아이와 함께 비소설 도서의 구성에 대해 살펴보자. 아이가 책에 나온 글과 그림, 사진을 통해 정보를 얻기 시작하면 무엇이 중요한가를 파악하기가 한결 쉬워진다. 샬린 넬슨과 테드 넬슨의 공저 『세인트 헬레네 산의 국립 화산 기념비Mount St. Helens National Volcanic Monument』는 차례에서도 드러나듯이 1980년 세인트 헬레네 산 화산 폭발의 각각 다른 측면을 다룬 장들을 소개하고 있다. 이처럼 사실을 기록한 책들은 순서대로 읽지 않아도 된다고 아이한테 알려 주자. 그리고 특별히 흥미가 느껴지는 부분이 있느냐고 물어보자. 아이가 그림이나 사진을 먼저 보고 자신이 읽을 부분을 선택하는가? 대개 그림이나 사진은 질문을 떠오르게 하거나 책에 관심을 갖도록 유도하는 기능을 한다.

또한 『세인트 헬레네 산의 국립 화산 기념비』는 쪽마다 산의 여러 측면을 묘사한 설명문이 첨부된 사진이 실려 있다. 그 사진은 그 쪽에서 제일 중요한 정보를 다루며, 첨부된 설명문은 그중에서도 중요한 내용을 강조하고 있다는 점에 주목한다. 차례, 사진이나 그림 그리고 거기에 첨부된 설명문 등에 주의를 기울이지 않으면 아이는 책이 말하고자 하는 이야기의 흐름을 놓칠 수도 있다.

비소설 도서를 읽을 때는 아이가 중요한 단어의 뜻을 확인하지 않고 계속 읽어 나가는 일이 없도록 해야 한다. 그런 중요한 단어는 책에서 말하고자 하는 중요한 개념을 이해하는 데 필요한 것이며, 뜻을 모르는 단어가 계속 나오면 책을 읽기 싫어질 수도 있기 때문에 꼭 확인하는 것이 좋다.

색인도 자주 참고하는 것이 좋다. 색인 활용법을 익혀 두면 정보를 빨리 확인할 수 있다.

아이의 호기심을 자극하자

크리스는 어렸을 때 가족과 함께 방학 때마다 역사적인 장소를 찾아 다녔다. 낡은 차가 서서히 속도를 줄이면 뒷좌석에 앉아 있던 세 자매는 어떤 일이 벌어질지 금세 눈치를 챘다. 차를 멈추더니 아버지는 유리창을 내리고 목청을 가다듬은 다음, 로키산맥 분수계, 온천, 암석 구조, 남북전쟁 전투지, 유령 도시 등에 대한 설명을 큰 소리로 읽었다. 그리고 각각의 장소를 사진 촬영해서, 방학이 끝날 무렵에 슬라이드로 만들어 다시 한번 살펴보았다. 크리스의 아버지는 이 모든 일을 재미있게 이끌었고, 아이들이 장소와 사람 그리고 주변 세상에 호기심을 가질 수 있도록 했다.

호기심이 있으면 그와 관련된 정보를 찾는다. 궁금증이나 더 알고 싶은 욕구가 없으면 책을 읽어도 재미가 없고 머리에 남는 것도 없다. 책을 읽는 것은 정보를 찾기 위해서이긴 하지만, 여기에 호기심이 더해지면 책에 더욱 집중하게 되고 무엇이 중요한지 좀 더 쉽게 찾아낼 수 있다. 크리스의 아버지가 그랬던 것처럼, 여러분도 배움에 대한 열정을 보여 주어 자녀의 호기심을 자극하자.

중요한 정보에 자신의 생각을 더한다

정보를 종합하는 것은 중요한 것을 찾아내는 것과 매우 밀접한 관련이 있다. 기본적으로 우리는 중요한 것을 찾아낼 때 자신의 생각을 더해서 각각의 정보보다 더 큰 포괄적인 관점을 창조해 낸다. 수전 짐머만과 엘린 킨은 『생각의 모자이크Mosaic of Thought』에서 다음과 같이 적고 있다.

나는 유럽을 여행하면서 고대 비잔틴 문화의 모자이크를 본 적이 있다. 그때, 작은 조각들을 모아 새로운 하나의 큰 형상을 만들어 낸 작가의 능력에 놀라움을 금할 수가 없었다. 이것이 바로 종합이다.

종합은 우리의 머리로 매일 쏟아지는 무수한 정보를 질서 있게 정리하고, 다시 생각해 보고, 고쳐서 일관성 있는 새로운 정보로 재창조하는 과정을 말한다. 수많은 세부 사항을 걸러 내고, 그중에서 꼭 알아야 하고 기억해야 하는 내용에 초점을 맞추는 것은 인간만의 특징이다.

그리고 이것은 뒤죽박죽 섞여 있는 정보들을 모아 중심이 될 수 있는 주제나 아이디어에 연결하는 능력이기도 하다. …… 종합은 서로 다른 조각들을 끼워 맞춰서 의미 있고 아름다우며, 각 조각의 단순한 합보다 훨씬 큰 모자이크를 창조하는 과정이다.

- 엘린 올리버 킨 & 수전 짐머만,

『생각의 모자이크』

> 새로운 생각으로 뻗어 나간 정신은 처음의 크기로 다시 줄어들지 않는다. - 올리버 웬델 홈스

아이가 종합의 과정을 거칠 수 있도록 이끌어 준다

우선, 아이가 이야기에서 가장 중요한 부분을 말한 다음 짧게 요약을 하도록 이끌어 준다. 소설이라면, 등장인물을 만나고 언제, 어디서 이야기가 전개되는지를 보면서 극적인 긴장감에 빠져든다. 이런 긴장감 때문에 아이는 앞으로 어떤 일이 벌어지는지 알아내기 위해 계속해서 책을 읽게 된다. 종합은 지금까지 있었던 일과 그것이 자신에게 어떤 의미를 주는지를 요약하면서 이루어진다.

남북전쟁에 대한 패트리샤 폴라코의 소설 『핑크와 세이Pink and Say』를 막 읽었다고 가정해 보자. 여러분은 이렇게 말할 수 있다.

"줄거리를 말해 볼게. 이것은 두 명의 어린 북부 연합군에 대한 이야기야. 과거에 노예였던 핑크는 부상당해 조지아주 어딘가에 쓰러져 있는 세이를 만나게 돼. 핑크는 세이를 데리고 자신의 집으로 가서 자기 어머니인 모모베이한테 치료를 받게 하고 그의 목숨을 구해 줘. 세이는 몸이 회복되었고, 두 소년은 친구가 되어 함께 약탈자들을 피하고 약탈자가 핑크의 착한 어머니를 죽였을 때 함께 슬퍼했어. 나중에 그들은 남부 동맹군한테 붙잡혀서 악명 높은 앤더슨빌 교도소로 가게 돼. 교도소에 도착하고 몇 시간 되지 않아 핑크는 교수형에 처해졌어. 그리고 세이는 나이가 들어 할아버지가 되었어. 그는 이 책을 쓴 패트리샤 폴라코의 조상이야."

여러분의 자녀는 두 소년이 "에이브러햄 링컨의 손을 만진 적이 있는 사람의 손을 만지는 것"이 어째서 중요한지 궁금해 할 수도 있다. 그러면 여러분은 미국 노예 해방령과 노예 해방에 링컨이 어떤 역할을 했는지 설명해 주면 된다. 그러면 아이는 다시 이렇게 말할 수도 있다. "그래서 핑크의 엄마가 링컨 대통령의 손을 잡은 적이 있는 세이의 손을 잡은 게 대단한 일이라고 생각했구나. 자신들에게 링컨이 영웅이니까 말이야. 이제 알겠다."

여러분은 핑크가 노예에 대해 느낀 점을 이야기할 수도 있다.

> 노예로 태어나는 것은 아주 곤란한 일이야, 세이. 하지만 나는 아일리한테서
> 글 읽는 법을 배운 다음부터, 비록 그가 내 몸을 소유하고 있지만 그 누구도
> 나를 진정으로 소유할 수는 없다는 것을 알았어.
>
> - 패트리샤 폴라코, 『핑크와 세이』

이 부분을 읽으면 글 읽는 법을 배운 것이 핑크한테 어떤 영향을 미쳤는지, 그리고 노예 제도와 인종차별, 용기, 우정, 더 나아가 패트리샤 폴라코가 이런 책을 쓴 이유에 대해서도 이야기할 수 있다.

> 그를 기억해 줄 후손이 없는 핑커스 아일리를 위하여 이 책을 썼다.
> 이 책을 읽는 여러분은 책을 내려놓기 전에 그의 이름을 크게 한 번 부르고
> 그를 영원히 기억하겠다고 다짐해 주기 바란다.
>
> - 패트리샤 폴라코, 『핑크와 세이』

인종과 살아온 배경이 다른 두 소년이 비극과 고난을 함께 겪으며 친

구가 되고, 죽음과 불평등으로 인해 서로 헤어졌다가 패트리샤 폴라코의 책을 통해 다시 살아난 이야기를 읽으면서, 여러분과 자녀는 자신만의 생각을 종합하여 새롭게 이야기를 창조하게 될 것이다.

독자가 자신의 생각을 종합할 때 중심이 되는 줄거리를 파악하고, 이것이 자신에게 어떤 의미가 있는지 묻게 된다. 독자는 질문하고, 배경지식을 활용하고, 다른 사람들과 토론하면서 책에서 더 많은 의미를 찾아낸다. 즉, 종합하는 과정에서 독자의 생각은 깊어지고 이해의 폭도 넓어진다.

중요한 것 찾아내기

"책의 내용을 모두 외웠는데도 시험을 못 본 적이 있나요? 그렇다면 앞으로는 책의 내용 중에서 중요한 것만 외워 보세요. 나는 처음에는 강조된 부분의 글을 봐요. 그렇게 쓰인 글은 그 쪽에서 제일 중요한 것이니까요. 그런 다음에 그 글들을 다시 한번 더 읽고 한 문단씩 읽은 다음에 잠시 읽기를 멈추고 '방금 읽은 것 중에서 이 책의 주제에 관한 것이 있었나?'를 생각해요. 읽고 있는 글에 정신을 집중하면서 의미를 찾아낼 수 있는 질문을 해야 해요. 한 번 읽은 글을 다시 읽으면 글의 주제와 관련된 정보를 발견할 수 있어요. 중요한 것을 찾아내는 것은 비소설 도서를 읽을 때 아주 중요한 기술이에요."

"책을 읽고 이해하는 능력이 코끼리가 하늘에서 추락하는 속도만큼 빠르게 나빠진다면 이 책을 읽어야 해요. 책을 이해하지 못 하는 가장 큰 이유는 집중하지 않기 때문이에요. 중요한 것을 찾아내는 것은 책을 이해하는 좋은 방법이에요. 그렇게 하면 사실을 다른 것들과 분리할 수 있어요. 사실을 이해하면 읽고 있는 글을 이해할 수 있게 돼요."

"중요한 것을 찾아내는 것은 삶은 국수를 체로 걸러 내는 것과 같은 일이에요. 체로 거르면 물은 밑으로 빠지고 국수만 남아요. 비소설 도서를 읽을 때는 여백에 자신의 생각이나 질문을 적고, 다른 것보다 더 중요하다고 생각되는 것을 표시하면 도움이 돼요. 중요한 것을 찾아내려고 노력하지 않았던 때를 생각해 보면 내가 어떻게 글을 이해할 수 있었는지 모르겠어요. 중요한 것을 찾아내는 일은 어두운 터널 끝에서 비치는 빛을 보는 것 같아요."

– 데비 벤필드의 5학년 반에서

종합하기

"책에서 정보를 수집하다 보면 생각이 바뀐다는 것을 알아야 해요."

"종합하기는 중요한 세부 사항을 짚어 내고 이야기에 몰입할 수 있도록 도와줘요."

"종합하기를 하면 머리에 새로운 세상이 떠올라요."

"줄거리에 자신의 생각과 배경지식을 더하는 거예요. 그러면 책을 더 많이 이해할 수 있게 돼요."

– 마거릿 웡의 3학년 반에서

엄마 아빠 이렇게 해 주세요

취학 전 단계

유아기는 길을 건너기 전에 양쪽을 살펴야 한다든가, 형제와 장난감을 사이좋게 나눠 써야 한다든가, 사과처럼 몸에 좋은 음식을 먹어야 하는 등 인생에서 무엇이 중요한지를 배우는 시기이다. 아이와 함께 시간을 보낼 때는 '중요하다'라는 단어의 뜻에 대해 이야기하고 중요한 정보, 이를테면 "손을 베였어", "담요를 찾을 수가 없어", "화장실에 가고 싶어" 등을 함께 나누자고 부탁하자. 함께 책을 읽을 때는 어떤 것이 중요하고 어떤 것을 기억해야 하는지 판단하는 시범을 보여 주자. 놀이처럼 재미있게 하면 더 좋다.

여러분의 의견만 말하지 말고 아이의 의견도 물어보자. 나이가 어린 경우에는 재미있거나, 무섭거나, 자신의 생활과 관련 있는 내용을 중요하다고 생각한다. 그리고 그렇게 생각하는 것이 당연하다. 지금 아이들

214

은 여러분이 읽어 주는 책을 좀 더 잘 이해하기 위해 정보를 뽑아내는 훈련을 하는 중이다.

예를 들어, 게리 폴슨의 『토르티야 공장 The Tortilla Factory』이라는 책을 읽고 있다면 여러분은 이렇게 말해

> 사과에 관한 중요한 사실은 사과가 공처럼 둥글다는 거야. 사과는 빨갛지. 사과를 한입 와삭 깨물면 하얀 속살이 드러나고, 사과즙이 치익 얼굴에 튀고, 맛은 바로 사과 맛이야. 사과는 익어 나무에서 떨어지지. 하지만 사과에 관한 중요한 사실은 사과가 공처럼 둥글다는 거야.
> – 마거릿 와이즈 브라운,
> 『중요한 사실』(보림, 2005)

줄 수 있다. "좋아, 노란색 옥수수를 갈아서 가루를 만들고 거기에 물을 부어 반죽을 해서 토르티야를 만드는 거야. 여기서 중요한 것은 뭘까?"

그러면 아이는 이렇게 대답할 수 있다. "반죽을 납작하게 누르는 게 중요하다고 생각해. 하지만 제일 중요한 부분은 맛있는 콩을 넣어서 토르티야를 먹는 거야!"

저학년 단계

축구장에 가서 응원도 안 하고, 골인이 되었는데도 기뻐하지도 않고, 가만히 앉아 있기만 한다고 상상해 보자.

축구장의 관중은 가만히 앉아 있지 않는다. 그들은 일어서서 손뼉 치고 응원을 한다. 선수와 함께 뛰듯이 경기에 열중한다.

책을 읽을 때도 마찬가지이다. 책에 열중해서 읽으면서 생각하고, 책속의 사건이 자신에게 일어난 일인 양 반응하고, 머릿속에 이미지를 떠

올리며 웃고 운다. 그리고 새로운 사실을 찾아내고 지식을 얻는다. 이 단계의 아이에게 책 읽기는 운동 경기와 마찬가지이며, 책을 읽는 독자는 운동선수와 같다는 것을 보여 주자.

주디 호스의 『밤하늘을 날아다니는 반딧불이』의 표지를 보면 여러분은 이렇게 말할 수 있다. "이 책을 보면 반딧불이에 대해 많은 것을 알 수 있을 것 같구나. 나는 어렸을 때 여름마다 동생들과 함께 반딧불이를 잡곤 했어. 정말 재미있었어. 그런데 나는 반딧불이가 어떻게 불을 밝히는지 늘 궁금했어. 너는 반딧불이에 대해 아는 것이 있니?"

책을 읽을 때는 이따금 읽기를 멈추고 기억해야 할 중요한 것을 찾아본다. 그리고 재미있는 사실과 중요한 사실을 구분하자. 여러분은 이렇

·중요한 것 찾아내기에 도움이 되는 책·

그림책

나는 나비 |백명식 |개똥이

임금님의 집 창덕궁 |최재숙 |웅진주니어

시애틀 추장의 편지 |시애틀 추장 |고인돌

동화책

꽃신 |김소연 |파랑새

나비를 잡는 아버지 |현덕 |길벗어린이

심청전 |송언 |파랑새

마당을 나온 암탉 |황선미 |사계절

무기 팔지 마세요! |위기철 |현북스

게 말할 수 있다. "반딧불이가 태어나서 2년 동안은 갑충으로 살다가 그 다음에 날개가 생긴다니, 참 재미있구나. 하지만 이 사실만큼 중요한 것 같지는 않아. 이걸 봐. 반딧불이를 넣은 유리병을 따뜻한 물에 넣으면 빛이 더 밝아진대. 여기 이렇게 쓰여 있어. '반대로 유리병을 찬물에 담그면, 반딧불이 희미해져요.' 이걸 읽으니까 어떤 생각이 드니?"

그러면 아이는 이렇게 말할 수 있다. "'이렇게 만든 반딧불 등불 덕분에 캄캄한 정글 속에서도 길을 찾을 수 있대요'라는 문장을 보니까 더운 나라에 사는 사람들이 반딧불이를 손전등으로 사용한다는 글을 이해할 수 있을 것 같아요. 더운 곳에서는 반딧불이가 더 환하게 빛나니까 말이에요. 하지만 반딧불이가 어떻게 빛을 만들고, 추우면 왜 불이 사라지는지는 아직도 모르겠어요."

무엇이 중요한가를 결정하고 나면 아이의 이해력은 한층 높아진다. 그리고 반딧불이가 어떻게 불빛을 만드는가에 대한 답을 계속 찾게 될 것이다. 일본에서 반딧불이를 이용해 정원을 밝힌다는 정보도 흥미롭지만, "반딧불이는 몸속에 특수한 화학물질을 가지고 있다. 반딧불이가 공중으로 날아오르면 그 물질이 공기와 반응해서 반짝! 불이 켜진다. 이 합성물은 빛은 나지만 뜨겁지는 않다"라는 정보만큼 중요하지는 않다.

이 글을 읽고 나서 여러분은 이렇게 말할 수 있다. "공기가 반딧불이의 몸 아래쪽에 있는 화학물질과 반응해서 불빛이 생기는 거구나."

정보를 고르고 거르는 요령을 아이한테 보여 주고, 새로운 사실을 받아들이면서 생각이 바뀔 수 있다는 것을 보여 주면 아이는 이해력을 넓히는 법을 배운다.

아이가 루이스클라크탐험에 대한 책 두 권을 막 읽었다고 가정해 보자. 아이는 독후감을 써야 하는데 새로 알게 된 정보가 너무 많다고 고민하고 있다. 그렇다면 정말로 중요한 것이 무엇인지 결정할 수 있도록 도와주어야 한다.

이럴 때 여러분은 다음과 같이 말할 수 있다. "간단하게 요약해 보자. 네가 읽은 것을 다시 생각해 볼 때, 루이스클라크탐험에서 가장 중요하다고 생각되는 점을 네 가지만 꼽으라면 어떤 것을 들 수 있겠니? 책에 나온 차례와 그림을 보자. 그 속에 책 전체의 개요가 들어 있단다. 제일 중요하다고 생각되는 부분에 표시하렴. 가장 중요한 요점 네 개를 뽑아내기 위해서는 모든 사건을 하나로 합쳐 봐야 할지도 몰라."

책 두 권을 다시 살펴보고 잠시 생각을 한 아이는 이렇게 말할 수 있다. "두 책 모두 40명의 남자들이 장기간의 탐험을 위해 필요한 물품을 모으고 훈련하는 이야기를 하고 있어요. 이들이 탐험을 위해 준비하는 과정을 중요하다고 표시하고 싶어요. 그다음에는 눈보라나 엄청난 모기 떼를 만나고, 산을 넘고, 인디언의 습격을 받고, 질병에 걸리고, 길을 잃는 등 힘든 일들이 벌어져요."

"그 사건들을 모두 표시할래, 아니면 그중 몇 가지에 초점을 맞출래?"

"모르겠어요."

그러면 여러분은 이렇게 말해 줄 수 있다. "그럼 지금은 그 사건들을 하나의 항목으로 분류하면 어떨까? 그 사건들을 서부로 가는 길에서 만난 장애물로 생각하는 거야."

그러면 아이는 이렇게 말할 수도 있다. "그때까지 프레리독이나 회색 곰을 본 백인이 없었다는 게 너무 놀라워요. 루이스와 클라크는 여행길에 처음 본 식물과 동물 그림을 그려서 제퍼슨 대통령한테 보냈어요. 이 부분에도 중요하다는 표시를 하고 싶어요."

> 루이스와 클라크는 아메리카들소, 펠리칸, 코요테 등 낯선 동물들을 많이 보았다. …… 제퍼슨 대통령이 서부로 탐험가들을 보낸 데는 그곳의 자연환경을 관찰하기 위한 목적도 있었다. 그 당시는 사진기가 아직 발명되지 않았기 때문에 루이스와 클라크는 종이와 연필로 자신들이 본 것을 그렸다.
>
> — 앤드루 산텔라, 『루이스와 클라크Lewis and Clark』

여러분은 아이와 함께 루이스클라크탐험에 관련된 중요한 정보 항목들을 다시 한번 살펴본 다음 이렇게 말할 수 있다. "좋아, 너는 '준비', '장애물', '자연 관찰'을 중요한 것으로 꼽았구나. 아직 하나가 더 남았는데, 두 권의 책에서 중요하다고 생각되는 것이 또 어떤 게 있지?"

그러면 아이는 이렇게 대답할 수 있다. "두 책 모두 스카가웨아에 대한 이야기를 하고 있어요. 그 여자가 없었다면 루이스와 클라크는 이 탐험을 하지 못했을 거라고 생각해요."

"그녀가 어떤 일을 했는데?"

"그녀는 인디언 길 안내자로 산을 지나가는 길을 가르쳐 주었어요. 그녀는 자신의 부족과 함께 살다 열세 살 때 납치당했어요. 루이스클라크탐험대에 들어간 그녀는 자신의 옛날 부족을 만나게 돼요. 그리고 자신의 오빠가 추장이 되었다는 것도 알게 되죠. 추장은 탐험대가 산을 지나갈 수 있도록 말을 주고, 길도 알려 주었어요. 스카가웨아는 태평양에 닿을 때까지 함께 여행을 했어요. 그래서 그녀를 기리기 위한 동상이 세워졌고, 1달러 동전에 그녀의 모습이 새겨졌어요."

"스카가웨아를 네 번째로 중요한 항목으로 꼽고 싶니?"

"예, 나는 스카가웨아에 대해서 많은 것을 알아냈어요."

이런 대화를 통해 아이는 자신이 읽은 것을 요약하고 체계적으로 정리하는 법을 배우게 된다. 여러분은 아이가 필요한 정보를 걸러 내고 정말로 중요한 것을 찾아내는 법을 가르쳐 준 셈이다.

교실에서는 이렇게 하세요

선생님이 어떻게 중요한 것을 찾아내는지 시범을 보인 다음, 학생들에게 읽을거리를 주고 중요한 것을 찾아내는 연습을 할 기회를 준다. 상품이 걸리면 아이들은 더 열심히 집중할 것이다.

실습 시간

다음은 크리스가 어떻게 책에서 중요한 것을 찾아내는지 시범을 보인 사례이다.

데비 벤필드가 지도하는 초등학교 5학년 학급은 책에서 중요한 것을

그림책

이상한 엄마 | 백희나 | 책읽는곰

린드버그 하늘을 나는 생쥐 | 토르벤 쿨만 | 책과콩나무

안개 속의 고슴도치 | 세르게이 코즐로프 | 고래가숨쉬는도서관

돌멩이 국 | 존 무스 | 달리

우주 택배 | 이수현 | 시공주니어

동화책

나무를 심은 사람 | 장 지오노 | 두레

옹고집전 | 이민희 | 휴머니스트

푸른 사자 와니니 1.2.3 | 이현 | 창비

껌딱지 독립기 | 이주희 | 시공주니어

찾아내는 연습을 하는 중이었다. 그리고 학생들은 자신들이 읽고 있는 글에서 중요한 요점을 찾아내고, 다른 사람들이 새로운 정보를 배울 수 있도록 보고서 쓰는 법을 배우고 있었다. 데비 벤필드와 나는 학생들이 기사의 핵심 요점과 기타 세부 사항을 구분할 줄 알고 무엇이 중요한지 결정할 수 있는지를 알아보고 싶었다. 학생들에게 중요한 정보를 뽑아 내는 방법을 알려 주기 위해 나는 《월드World》 잡지에서 '쐐기나방의 유충 먹기'라는 기사를 학생들과 함께 읽어 보기로 했다.

프로젝터를 통해 짧은 기사를 보면서 학생들에게 내가 생각하는 과정을 보여 주었다. 중요한 요점에 표시할 때마다 그것을 왜 중요하게 생

각하는지 여백에 적었다. 그런 다음 내가 중요하다고 표시한 내용을 중요한 것, 사소한 것, 반응(확실하지 않은 생각, 질문, 연결 고리)이라는 세 가지 항목으로 나누어 놓은, 레슬리 블라우먼 교사가 개발한 양식에 옮겨 적었다.

학생들은 내가 중요하다고 표시한 내용을 첫 번째 항목과 두 번째 항목으로 옮기는 과정을 보면서 왜 어떤 것은 '중요한 것' 항목으로 가고, 어떤 것은 '사소한 것' 항목으로 가는지에 대해 이야기했다. 혹시 기분에 따라서 대충 구분하는 것인지 궁금해 했다. '중요한 것' 항목과 '사소한 것' 항목은 사실 차이가 거의 나지 않았다. 그러나 아이들은 옳고 그름을 따지지 않고 정보 자체만을 살펴보면서 책에 대한 이해가 점점 깊어졌다.

나는 처음 두 항목을 다 채우고 난 후 미네랄과 철분을 섭취하기 위해 매일 쐐기나방의 유충을 먹는 것에 대한 아이들의 반응을 세 번째 항목에 적어 넣었다.

그다음은 아이들이 각자 중요하다고 생각하는 것을 결정할 차례였다. 나는 세 개의 신문 기사를 요약해서 들려준 다음, 어떤 기사가 가장 흥미 있는지 물었다. 그리고 세 개의 항목이 적힌 양식을 한 장씩 나누어 주었다. 아이들은 자신들이 선택한 기사를 보면서 내가 한 것처럼 '중요한 것'과 '사소한 것'을 분류했다. 아이들이 기사를 읽는 동안 나는 에린 옆에 앉았다. 에린은 《뉴욕타임스》 신문에 실린 '고래의 소리를 듣는 과학자들'이라는 기사를 읽고 있었다. 나는 에린에게 물었다.

"왜 이 기사를 골랐니?"

"나는 고래를 좋아하고 고래에 대한 책도 좋아해요. 우주에 대한 기사는 재미가 없을 것 같았고, 멕시코 거북이에 대한 이야기도 그랬어요."

"중요한 것 서너 개를 골라내는 일은 잘되고 있니? 너는 네 생각을 여백에 적어 놓고 중요하다고 생각되는 것을 종이에 옮겨 적고 있구나."

"생각을 적는 것이 많은 도움이 되고 있어요. '미국과 캐나다의 과학자들은 물 밑에서 고래들이 내는 소리를 들을 수 있는 장치를 시험 중이다'라는 글을 보고는 '굉장하다'라고 적었고, '그래서 고래가 많이 잡히는구나!'라고도 적었어요."

"그 글을 여백에 적을 때 어떤 생각이 들었는지 말해 줄래?"

"참고래는 해변에 가까이 살기 때문에 잡히기 쉽다는 것을 알았어요. 그리고 그런 성질 때문에 배에 부딪히는 일도 많아요. 그 고래들은 다른 고래들과 달리 자기들이 다니는 길을 벗어나지 않아요."

에린은 계속 설명했다.

"나는 '부표'라는 말에 동그라미를 치고 '부표가 뭐지?'라고 적었어요. 기사를 계속 읽다 보니까 부표가 음파를 보고하는 장치일 거라는 생각이 들었어요."(에린이 부표에 대해 잘못 생각하고 있었기 때문에 나는 정확한 뜻을 알려 주었다.)

에린과 같은 책상에 앉아 있던 다른 세 학생들이 우리의 대화에 귀를 기울였다. 우리의 대화는 그 학생들이 각자 기사를 읽고 중요한 것을 뽑아내는 데 도움이 되었을 것이다.

에린은 여백에 기록한 글에서 중요한 것 세 개를 골라낸 다음, 이야기하는 식으로 사소한 사항을 요약했다.

- 내가 이 책을 왜 읽는지 알고, 이 책의 전체적인 의미를 이해하는 데 있어 어떤 정보나 아이디어가 가장 필요한지 알아야 책에서 중요한 요점을 찾을 수 있다.

- 지금 읽고 있는 책에서 중요한 것을 찾아내려면 그 책을 읽는 목적을 알아야 한다. 책을 읽는 목적을 알면 책에 좀 더 집중할 수 있고, 책에서 중요한 것을 결정하는 데도 영향을 미치게 된다.

- 책의 지면 배치나 글씨체에 관심을 가지면 중요한 것을 찾아내기가 한결 쉽다. 비소설 도서의 경우에는 특이한 형식으로 표현된 부분, 예를 들어 상자 속에 들어 있는 설명문이나 굵은 글씨체, 도표 등은 중요한 핵심인 경우가 많다.

- 중요한 것을 결정하기 위해서는 수많은 정보를 보면서 의식적으로 무엇이 더 핵심적이고 덜 핵심적인가에 대한 우선순위를 정할 수 있어야 한다.

- 중요한 것을 결정하는 과정은 여러 개의 질문으로 시작하는 경우가 많다.

- 작가는 자신이 중요하다고 생각하는 것을 강조하기 위해 실마리를 남겨 둔다. '그 결과'라거나 '요약하자면' 등과 같은 표현은 핵심적인

정보가 나오리라는 것을 암시하는 말이다.

- 중요한 정보를 요약한 다음, 자신의 생각을 더해 종합함으로써 새로운 의미를 창조한다.

- 7가지 독서 습관을 이용하여 종합한다.
  핵심적인 사실들을 모으고 스스로에게
  '이것이 나에게 중요한 정보인가?'라고 물어본다.

고래들은 이동할 때 중요 수로를 곧장 통과하기 때문에 배에 부딪혀 죽는 일이 많다. 헬리콥터가 고래를 발견하고, 만에 떠 있는 부표도 고래를 찾는 역할을 한다. 참고래는 사냥꾼들이 참 잘 잡힌다고 해서 붙인 이름이다. 그들은 해안 가까이에 산다.

나는 에린과 같은 책상에 앉은 다른 학생에게도 그가 뽑은 중요한 것을 보며 그런 결정을 내리게 된 이유를 말해 달라고 했다. 그사이 에린은 고래를 찾는 부표와 헬리콥터의 역할을 중요한 것 항목으로 옮겼다.
기사의 중요한 것에 표시하고, 세 개의 항목으로 나눠 정리하고, 나와 개별 토론을 한 다음, 에린은 다음과 같이 적었다.

나는 전에 참고래가 우는 소리를 들은 적이 있고 그들이 왜 위험에 처해 있는지 안다. 그들은 사냥꾼들한테 붙잡히기 쉽다. …… 그들은 붙잡히기 쉬운 곳에 살고 있고, 그 때문에 이름도 참고래다. 소리만 듣고 고래를 추적한다는 것은 근사하다. 나는 과학자들이 어떻게 그토록 재빨리 배에 연락해서 고래와 충돌하는 것을 막을 수 있는지 궁금하다. 배가 고래를 보지 못하면 고래와 충돌하기 전까지는 고래가 근처에 있다는 것을 알지 못한다. 소리를 통해 고래의 위치를 알아내는 것은 헬리콥터와 배에서 고래를 찾는 것보다 훨씬 효과적인 방법인 것 같다.

에린은 자신에게 가장 중요한 것이 무엇인지 찾아냈고, 기사에 대해 토론하고, 궁금한 점을 질문하고, 배경지식을 활용하고, 알아낸 정보들을 종합한 덕분에 기사에 대한 이해력이 한층 깊어졌다.

이런 질문을 해 주세요

다음은 학생들이 중요한 것을 찾아내고 종합할 수 있도록 하는 데 도움을 주는 질문들이다.

- 이 글을 읽는 목적이 무엇이니? 그런 목적을 가지고 있는 것이 이 글에서 가장 중요한 것을 찾는 데 도움이 되었니? 그런 너의 생각을 친구들한테 말해 줄 수 있겠니?

- 글에서 중요한 부분을 표시하는 것이 도움이 되니? 새롭게 배운 정보를 두 군데나 표시했구나. 잘했어! 이미 알고 있는 배경지식에 새로운 것을 더한다고 생각하니까 새롭고 중요한 정보를 뽑아내기가 쉬워지는구나. 새롭고 중요한 정보를 뽑아내니까 이 글을 이해하는 데 도움이 되니?
- 이 부분을 다시 보렴. 작가가 중요한 부분을 표시하기 위해서 어떻게 했는지 알 수 있겠니? 잘했어. 그림과 첨부된 설명문을 이용했다는 것을 찾아냈구나. 이 쪽에서 중요한 부분을 표시하기 위해 또 어떻게 했는지 찾을 수 있겠니? 그래, 이 글자는 강조되어 있고, 이 부분은 눈에 잘 띄게 되어 있구나. 중요한 것을 결정한 과정에 이런 발견도 써넣으렴.
- 네가 이 부분에 대한 질문을 두 개 적었구나. 첫 번째 질문은 제목에 대해서네. 나도 그 점이 궁금해. 이 질문들이 네가 여기서 중요한 것을 찾는 데 도움이 된다고 생각하니? 잘했어. 첫 번째 질문에 대한 답을 이 문단에서 찾아냈구나. 두 번째 질문에 대한 답도 찾고 싶니? 그렇다면 두 번째 질문을 머릿속에 담아 두고 계속 읽으렴. 질문을 떠올리니까 많은 정보들 속에서 정말로 중요한 것을 뽑아내기가 쉬워지는 것 같니?
- 이 부분을 읽을 때 어떤 것이 가장 중요한 것 같니? 그래, 이 부분은 정보로 가득하구나. 이 문단은 정말 재미있네. 이 두 부분을 비교할 때 어느 쪽이 더 중요한 것 같니? 왜 그렇게 결정했니?
- 우리는 책을 다 읽지 않아도 중요한 단어들만 가지고 필요한 정보

를 찾아내는 법에 대해서 이야기했어. 너도 그렇게 할 수 있겠니? 에서 정보를 찾아낸 과정을 설명해 줄래? 잘했어. 너는 색인을 보고 해당하는 쪽에 가서 필요 없는 문단은 건너뛰고 중요한 문장을 찾아냈구나. 그럼, 이제 네가 찾아낸 정보를 보고서에 어떤 식으로 적을래?

- 오늘 나는 어제 읽은 책을 다시 읽으면서 중요하다고 생각되는 부분들을 찾아내는 시범을 보였어. 그렇게 찾아낸 부분들을 모두 모아서 이 글에서 이야기하고자 하는 큰 주제로 정리해 봤어. 너도 책의 여러 곳에 표시해 놓았구나. 네가 무엇을 찾아냈는지 보자. 네가 표시한 쪽은 지도와 같다고 보면 돼. 무엇이 중요한지 가르쳐 주는 지도 같은 거야. 작가는 너한테 무엇이 중요한지 직접 가르쳐 주는 대신, 네 스스로 그것을 알아낼 수 있도록 글을 써 놓았어. 이 글이 전하고자 하는 주제가 무엇이라고 생각하니? 그래, 너 혼자 이것들을 짜 맞추는 게 쉬운 일은 아니야. 너는 벌써 중요한 요점을 두 가지나 찾아냈어. 이제 너 혼자 계속해서 중요한 요점을 찾아보도록 해. 그럼 얼마나 진행되었는지 내일 다시 이야기해 보자.
- 너는 작가가 이 생각에 찬성하는 것 같니, 아니면 반대하는 것 같니? 그걸 어떻게 알았니? 작가가 자신의 생각을 어떤 식으로 표현했니? 작가가 중요하다고 생각하는 것을 발견하면 색연필로 표시하렴. 작가는 특별한 신호를 통해 자신이 중요하다고 생각하는 것을 표시해 놓았단다. 네가 그것을 찾아낼 수 있을지 궁금하구나.
- 화성에 대해 배운 정보를 훌륭하게 요약했구나. 그 정보들이 너한

테 중요하다고 생각하니? 넌 방금 질문 하나를 생각해 냈구나. 그 질문 때문에 이 책을 계속 읽어야겠다는 생각이 들었니? 다른 책에 그 답이 있을지 모르니 한번 찾아보렴.

- 이 부분을 읽은 다음에 생각이 바뀌었니? 이 기사를 읽으면서 어디에서 네 생각이 바뀌었는지 보여 주렴. 우리가 읽은 것을 기억하기 위해 종합할 때 가끔 중요하다고 뽑았던 정보들을 잊어버릴 때가 있어. 그럴 때 우리는 어떻게 해야 할까? 그래, 무엇을 잊어버렸는지 확인하기 위해서는 다시 읽는 것이 좋아.

- 우리 수업을 듣지 않은 친구들한테 비소설 도서를 읽을 때 중요한 것을 찾아내는 일이 왜 필요한지 어떻게 설명해 줄 수 있을까? 그리고 소설을 읽을 때 중요한 요점을 파악하고 싶어 하는 사람들한테는 어떤 조언을 해 줄 수 있을까? 중요한 사실들을 뽑아내고 거기에 네 생각을 더하는 것이 책을 읽고 이해하는 데 어떻게 도움이 되었니?

선생님과 학부모가 함께 노력해요

- 학교 이외의 곳에서 중요한 것을 찾아내는 비법을 어떻게 활용하는지 학부모들에게 물어보자. 어떤 접시를 구입할지, 놀이동산은 어디로 갈지, 주식을 언제 사고팔지, 낡은 컴퓨터를 어떻게 재활용할지, 어떤 후보에게 투표할지, 무슨 비타민을 먹을지, 다락방에 어떤

절연재를 사용할지 정할 때 어떤 과정을 거치는지 물어보자.

- 소설 이외의 읽을거리를 교실로 가져가자. 학부모들은 여행 안내서, 홍보 책자, 지도, 식당 안내서, 사용 설명서, 도표, 팸플릿, 잡지, 신문 등을 가져오고, 학생들은 각각의 인쇄물에서 정보가 어떤 식으로 강조되고 정리되어 있는지 살펴본다. 지면 배치와 정보를 강조하는 방식에 주목하면, 학생들은 직접 보고서를 작성하거나 포스터를 만들거나 전시물을 만들 때 중요한 정보를 강조하는 법을 배운다.

- 학부모들은 개인의 관심 영역에 따라 마틴 루터 킹부터 안데스산맥에 이르기까지 다양한 분야의 지식을 가지고 있다. 학생들은 학부모들과 대화하면서 무엇이 중요한가를 기록한 다음, 함께 나눈 정보를 종합하여 학습한 내용을 자기 것으로 소화한다.

제 7 장

책의 내용을 좀 더 깊게 이해하기

수정 전략을 사용하라

신호 체계에 의미를 부여하고 해석하는 것은 독자의 몫이다. 우리는 자신이 누구인지, 그리고 어디 있는지 알기 위해 자신을 읽고 주변 세상을 읽는다. 우리는 이해하기위해 읽는다. 우리는 읽어야만 한다. 읽는 것은 숨을 쉬는 것만큼이나 필수적인 기능이다.

– 알베르토 망겔

7장에서는 글을 읽다가 더 이상 앞으로 나아가지 못하고 다시 뒤로시 돌아가야 할 때 사용할 수 있는 비법을 알아보자.

2002년 9월 22일, 폴과 나는 유타주 남동쪽 캐니언랜드에서 도보 여행을 하고 있었다. 우리가 도착하기 이틀 전 이곳에는 엄청난 폭우가 내렸다. 하늘은 맑고, 공기는 싸늘하고, 놀랄 정도로 물이 많았다. 평소에는 바짝 말라 있던 바위 구멍에 물이 차서 맑은 연못으로 변했다. 오늘 우리는 배낭을 지고 분홍색과 미색 줄무늬가 드리운 거대한 암석 지대로 둘러싸인 높고 넓은 초원인 체슬러 파크에 왔다. 우리의 목적지는 로스트 캐니언이다. 여기까지 올라온 우리는 잠시 멈춰서 메이즈 디스트릭트의 붉은 바위 너머에 있는 보름달을 구경했다. 도보 여행광이긴 하지만, 이런 광경은 우리에게도 새로웠다. 우리는 이렇게 바짝 마르고 험한 지형을 여행하기는 처음이었다.

지도를 보니 다음 캠프까지 9.6킬로미터를 가야 했다. 처음 체슬러로 출발하던 3일 전보다 배낭이 많이 가벼워졌기 때문에 나는 식은 죽 먹기라고 생각했다. 가파른 길을 따라 엘리펀트 캐니언까지 내려가 협곡 바닥을 따라 오솔길을 1.6킬로미터 정도 갔을 때였다. 급격히 방향을 틀어서 엘리펀트 캐니언과 빅 스프링 캐니언 사이의 길을 올라갔다. 우리는 발자국을 남기면서 오로지 돌무더기 이정표에만 의지하며 올라갔다. 막다른 길에 4.5미터 높이의 나무 사다리가 있어 사다리를 올라가 좁은 둑길을 건너, 반대편 철제 사다리로 내려갔다. 우리는 협곡이 내려다보이는 높은 곳에서 붉은색과 회색이 뒤섞인 바위 위를 걸었다. 뾰족한 바위산 꼭대기와 암벽, 바람과 비가 만들어 놓은 도깨비 같은 바위들로 가득한, 흡사 이 세상의 것이 아닌 듯한 풍경을 감상했다. 협곡 바닥까지는 한참을 내려가야 했다. 우리는 문명 세계로 안내해 줄 유일한 안내자인 돌무더기 이정표를 따라갔다.

우리는 걸으면서 이야기하고, 풍경을 감상하고, 배낭에서 음료수를 꺼내 마시다, 문득 돌무더기 이정표를 제대로 따라오지 않았다는 것을 깨달았다. 돌무더기 이정표가 더 이상 보이지 않았던 것이다. 우리는 잠시 주위를 살펴보았다. 역시 없었다. 폴은 배낭을 내려놓고는 앞쪽을 살펴보러 갔다가 다시 돌아와, 앞으로 이어진 길은 더 이상 갈 수 없다고 말했다. 우리는 지도를 꺼내 우리가 온 길을 확인해 보았지만, 우리가 정확히 어디 있는지도 모르겠고 어떻게 해야 빅 스프링 캐니언으로 갈 수 있는지도 알 수가 없었다. 폴은 나침반을 꺼내더니 지도 위에 얹었다. 하지만 여전히 우리가 있는 곳을 알 수가 없었다.

결국 우리는 다시 배낭을 지고 마지막으로 지나온 돌무더기 이정표를 찾아 갔다. 폴이 위를 쳐다보더니 머리 위쪽으로 튀어나온 암반 위의 돌무더기 이정표를 찾아냈다. "저 위로 올라가야 하나 봐." 나는 가슴이 쿵 내려앉았다. 폴이 위로 올라갔다. 우리는 폴의 배낭을 묶어 위로 끌어올렸다. 하지만 내 몸을 끌어올릴 수는 없을 거라는 생각이 들었다.

그때 느닷없이 폴이 소리를 질렀다. "아니, 대체 어디로 오신 겁니까?"

어딘가에서 여자 목소리가 들렸다. "빅 스프링 캐니언에서 왔는데요."

"어떻게요?"

"저 나무들 근처에 있는 굴을 통해서 왔어요."

나는 가파른 바위에 강인하게 서 있는 그 여자가 보이는 곳으로 자리를 옮겼다.

"당신 덕분에 살았어요!" 나는 큰 소리로 말했다.

"도움이 되었다니 기쁘네요."

폭은 암반에서 내려왔다. 나무들이 우거진 곳으로 가니 그 뒤로 좁고 어두운 동굴 같은 곳이 보였다. 좀 더 가까이 가 보니 발로 찬 자국이 있는 통나무 이정표가 있고 반대편 끝에 빛이 보이는 좁은 굴이 있었다. 우리는 60미터나 되는 굴을 지나 드디어 빅 스프링 캐니언에 도착했다. 다시 길을 찾은 우리는 목적지를 향해 걸음을 옮겼다.

– 수전 짐머만

그 비법은 수정 전략, 백업 작전, 안전망 등의 이름으로 부를 수 있다. 이름이 무엇이든, 인생의 많은 부분에서 그 비법을 활용해야 한다. 그리고 그 비법이 언제 필요하고 필요하지 않은지를 아는 것도 중요하다.

글을 읽으면서 자신이 그 내용을 이해하지 못한다는 사실을 미처 알지 못하는 아이들이 많다. 그런 아이들은 무작정 글자를 읽고 책장을 넘기기만 하면 독서라고 생각한다. 물론 책을 끝까지 읽을 수는 있겠지만, 그렇게 되면 책에서 아무것도 얻을 수가 없다. 가장 좋은 수정 전략은 책에 대한 인식을 고양하는 것이다. 책에 푹 빠져서, 조금이라도 딴생각이 들면 마치 자동차가 차선을 이탈한 것처럼 금세 알아차리고 다시 제자리로 돌아갈 수 있어야 한다.

'수정 전략'이란?

7가지 독서 습관 그 자체가 소중한 수정 전략이다. 이 독서 습관들은 아이들이 책에 푹 빠질 수 있게끔 도와준다. 이 독서 습관들을 염두에 두고 책을 읽으면 자신의 생각을 더욱 또렷이 인식할 수 있다. 책을 읽는 독자의 머릿속에서 이어지던 '영화'가 갑자기 멈추면 독자는 읽는 속도를 늦추고, 읽었던 부분을 다시 읽고, 머릿속의 '영화'를 다시 뒤로 되돌려야 한다.

책 내용에 대한 질문이 떠오르지 않으면 독자는 딴생각을 멈추고 다시 책에 집중해야 한다. 읽고 있는 글 속에서 중요한 것이 하나도 눈에 띄지 않는다면 독자는 그 이유를 찾아내야 한다.

또한 책의 내용에서 자신의 생활이나 더 큰 세상과 연결하는 고리를 찾을 수 없다면, 역시 읽기를 멈추고 지금까지 읽은 내용을 다시 곱씹어 본다. 또한 자신이 어떤 배경지식을 가지고 있는지, 그리고 어떤 배경지식이 필요한지 생각해 보아야 한다.

그리고 지금까지 읽은 내용을 말로 설명할 수 없을 때도 글을 제대로 이해하지 못했다는 신호임을 깨달아야 한다. 이때 7가지 독서 습관을 활용한다면 효과적인 수정 전략을 갖춘 올바른 독자가 될 수 있다.

몇 년 전, 수전의 가족은 산후안 강에서 고무보트를 타고 섬의 갈라진 지형을 여행했다. 그들은 그저 강을 똑바로 따라갔다. 수백 미터를 가다 보니, 얕고 자갈이 가득한 지역에 들어섰다. 아주 힘든 하루를 보낸 후였지만, 그들은 물살을 거스르며 무거운 배를 밀어 다시 갈라진 지형까지 되돌아가 배를 타고 여행을 계속했다.

"그 일에서 뭔가를 배웠어야 하는데, 그게 뭔지 모르겠어."

수전이 말했더니, 그녀의 딸 헬렌이 이렇게 대답했다.

"엄마, 가끔은 앞으로 나아가기 위해 뒤로 물러나야 할 때도 있다는 걸 배웠어요."

읽기를 할 때도 마찬가지이다. 가끔은 낯선 곳에 와 있다는 느낌이 들 때가 있다. 생전 처음 보는 단어가 잔뜩 나온다거나, 플라이 낚시나 이집트 역사 또는 유전학처럼 한 번도 읽어 본 적이 없는 분야의 책을 읽을 때가 있다. 그럴 때는 책 속의 의미를 잘 이해하기 위한 전략이 필요하다. 그럴 때 다시 읽기(앞으로 나아가기 위해 뒤로 물러나기)는 최고의 전략이다. 다시 읽기(이번에는 더욱 정신을 집중해서 읽어야 한다)를 하면 생각의 흐름이 끊겼거나 어려운 단어가 나왔을 때도 다시 생각의 흐름을 이어 갈 수 있다.

『분홍색과 자주색과 푸른색이 뒤섞인 알Pinkish, Purplish, Bluish Egg』 이라는 책은 이렇게 시작한다.

> 텅 빈 둥지를 내려다보니
> 마틀은 슬프고 침울했다.
> 바로 그날 아이들이 모두 날아가 버려 홀로 남았기 때문이다. ……
>
> — 빌 피트, 『분홍색과 자주색과 푸른색이 뒤섞인 알』

아이는 '침울하다'라는 단어를 이해하지 못할 수도 있다. 이때 아이가 이 문단을 여러 번 반복해서 읽는다면, 자녀가 성장해서 떠날 때 어머니가 마음이 아프다는 것을 상상할 수 있고, 그러면 '침울하다'라는 단어의 뜻도 미루어 짐작하게 될 것이다.

하지만 아무 생각 없이 읽는다면, 아무리 여러 번 되풀이해서 읽어도 처음처럼 뭐가 뭔지도 모르고 짜증만 날 것이다. 다시 읽기를 할 때는 문제를 해결하겠다고 생각하고, 무엇이 문제인지 알아야 한다. 즉, 수정 전략을 사용해야 한다. 뜻을 알아내야 할 어려운 단어가 있는가? 문법을 이해 못 하는 걸까? 글의 주제를 모르는 것일까? 친구와 이야기해 보거나 전문가에게 물어보면 도움이 될까? 여기서 전문가란 부모나 친구, 선생님이 될 수도 있고, 친구나 그 주제를 잘 아는 사람 또는 국어사전이나 백과사전이 될 수도 있다.

이해를 못 하면 어떤 일이 벌어지나?

우리의 친구 크리스 토바니는 독서 능력이 부족한 고등학교 학생들을 지도하고 있다. 크리스는 다른 사람들이 포기한 학생들을 지도해 제대로 책을 읽을 수 있도록 이끌어 주는 훌륭한 교사다. 그녀는 아이들의 흥미를 찾아내고, 그들의 의견을 존중하고, 사고 전략을 가르쳐 글에 집중할 수 있게끔 지도한다. 그리고 글을 이해하는 것이 자신의 몫이 아니라 학생들의 몫이라는 것도 가르쳐 주었다. 글에 대한 이해는 남이 대신해 주는 것이 아니라 글을 읽는 독자 자신이 해야 하는 일이다.

다음은 글을 읽다가 더 이상 이해가 안 될 때 벌어지는 현상으로 크리스 토바니의 책 『읽어도 도대체 무슨 소린지』에서 발췌하였다.

1. 머릿속의 목소리와 텍스트가 상호작용하지 않는다. 글을 읽는 동안 독자의 머릿속에는 두 가지 유형의 목소리가 있다. 하나는 그냥 텍스트를 읽는 목소리다. 다른 하나는 텍스트에 말을 걸고 대화를 나누는 목소리다. 이 목소리는 때로는 질문하고 찬성이나 반대의 의견을 내기도 하며 계속해서 텍스트의 내용에 반응한다. 이와는 달리 그냥 낱말들을 줄줄 읽는 독자는 맥락을 이해하지 못하거나 쉽게 싫증을 내며 다 읽고 난 후에도 내용을 기억하지 못한다.

2. 머릿속 비디오카메라 전원이 꺼진다. 잘 읽는 사람의 머릿속에는 비디오카메라가 작동한다. 카메라 전원이 꺼지고 텍스트에서 시각적 이미지가 생겨나지 않는다는 것은 독자의 머릿속에서 의미의 구성이 이미 중단되었다는 신호이다.

3. 딴생각을 하기 시작한다. 잘 읽는 사람은 텍스트와 아무 관련이 없는 생각이 들 때 그것을 바로 알아차린다. 글의 내용과 무관한 생각을 하고 있다는 것은 독자가 텍스트에 재접속을 해야 한다는 신호이다.

4. 읽은 내용이 기억나지 않는다. 글을 잘 읽는 사람은 자신이 읽은 내용을 다른 사람들에게 들려줄 수 있다. 읽은 내용이 기억나지 않는다는 것은 뒤로 돌아가서 텍스트에서 무너져 내린 의미를 복구해야 한다는 신호이다.

5. 독자 자신의 질문에 대답을 못 한다. 잘 읽는 사람은 문자의 직설적 의미를 잘 풀어서 설명할 수 있는지 스스로 묻는다. 자신의 질문에 답을 하지 못할 때 이는 배경지식이 부족하거나 텍스트에 집중하지 않고 있다는 신호이다.

6. 등장인물이 언제 처음 나왔는지 기억나지 않는다. 좋은 독자는 머릿속에

서 등장인물들을 추적하며 그들이 누구인지 알고 있다. 앞에서 등장했던 인물이 다시 나오는데도 그게 누구였는지 가물가물하다면, 이는 독자가 충분히 집중하지 않고 있거나 텍스트에서 의미가 무너져 내린 부분을 복구해야 한다는 신호이다.

혼란스러워졌다거나 글의 내용을 기억하지 못한다고 아이가 스스로 깨달았다는 것은 희망적인 신호다. 손을 쓸 수 있다는 뜻이기 때문이다. 다음은 아이가 글을 읽다가 더 이상 이해하지 못할 때 활용할 수 있는 수정 전략이다.

- 앞으로 돌아가 다시 읽는다. 이것만으로 충분할 때도 있다.
- 뜻을 확인하기 위해 계속 읽어 나간다.
- 자신이 이해하지 못하는 것이 무엇인지, 단어인지, 문장인지, 개념인지를 확실히 알아낸다.
- 단어를 모를 때는 계속 읽어 나가면서 단어의 뜻이 설명된 곳이 있는지 찾아보거나, 지금까지의 내용을 다시 생각해서 어떤 뜻이어야 글의 흐름에 어울릴지 생각해 본다. 이런 방법이 통하지 않을 때는 다른 사람에게 단어의 뜻을 물어보거나 사전을 찾아본다.
- 그림책의 문장을 이해하지 못할 때는 그림을 보면서 지금까지 어떤 일이 있었는지 생각해 본다. 그런 다음, 읽었던 부분을 다시 읽고 계속 읽어 나가면서 이해할 수 있는지 알아본다. 그래도 여전히 혼란스러울 때는 친구나 부모, 선생님과 이야기해 본다.

- 개념을 이해 못 할 때는 혼란스러운 부분을 요약해 본다. 그래서 혼란스러움이 해결되는지 확인한다. 해결되지 않는다면 배경지식이 더 필요한 것인지도 모른다. 배경지식을 쌓기 위해서는 백과사전이나 인터넷을 찾아보거나, 그런 주제를 알 만한 사람과 대화를 하거나, 도서관에 가서 조사해 본다.

수정 전략의 사례

수전의 아들 마크는 보통의 16세 소년들이 그렇듯 힙합 래퍼가 되는 것이 꿈이다. 최근에 마크는 어쿠스틱 기타에서 전자 기타로 취향이 바뀌었다. 수전이 전자 기타를 사 준 상점에는 이런 안내문이 적혀 있었다.

인쇄 실수로 38주년 기념 가이드북의 26쪽에 나온 에이폰 레스 폴 주니어에 P-90 픽업이 있다고 소개되었습니다. 26쪽의 그림과 설명은 잘못된 것입니다. 픽업은 험버커입니다.
불편을 끼쳐 드려 죄송합니다.

수전은 이 말이 무슨 뜻인지 전혀 이해하지 못했기 때문에 불편하고 말 것도 없었다. 그녀는 에이폰 레스 폴 주니어가 기타 이름이라는 것은 알았다. 그리고 카탈로그에 문제가 있다는 것도 알았지만, 험버커가 뭔지 전혀 알 수가 없었다. 그 단어의 뜻을 알기 전까지는 기타 상점에서 무엇에 대해 사과한 것인지 알 도리가 없었다. 사과문을 읽고도 이해하지 못한 데 대한 '수정 전략'으로, 수전은 기타 전문가를 찾아갔다. 판매 대 뒤에 있던 기타 전문가는 이렇게 말했다. "이것 때문에 화를 낸 고객들이 많습니다. 기본적으로 전자 기타의 일반 픽업은 울림 소리가 가능합니다. 험버커는 울림 소리를 방지하기 위해 보통의 픽업 두 개를 묶어 놓은 것입니다." 이제야 수수께끼가 풀렸다. 고학년인 아이가 다음의 글을 읽는다고 가정해 보자.

> 영국인의 침입에 대항할 능력이 부족했던 왕파노아그 족은 처음에는 이주자들과 친구가 되었다. 문화적 교류는 오래전 백인에게 유괴되어 선장에게서 영어를 배운 왕파노아그 부족의 스퀀토를 통해 이루어졌다. …… 영국인 이주자들이 몰려오고 코네티컷강 계곡까지 밀려들어 오자 인디언과 백인 사이의 평화가 무너지기 시작했다. …… 영국군과 나랑간세트 부족이 손을 잡고 코네티컷의 미스틱강에 있는 피쿼트 마을을 공격했다. 인디언들의 오두막집에 불을 지르고 달아나는 사람들에게 총을 발사했다. 이 학살로 피쿼트 전투는 끝이 났다.
>
> – 토머스 A. 베일리 & 데이비드 M. 케네디,
> 『미국의 허식The American Pageant』

아이는 이 글을 소리 내어 다 읽어도 뜻을 이해하지 못할 수도 있다. 제대로 책을 읽기 위해서는 글자를 읽을 줄 알아야 할 뿐만 아니라, 그 글자가 무엇을 뜻하는지도 알아야 한다. 아이는 자신이 무엇을 이해하고 이해하지 못하는지 분명히 아는가? 아이가 '침입'이나 '왕파노아그'

같은 단어의 뜻을 아는가? 그리고 이런 역사적인 사건을 이해하는 데 필요한 배경지식을 가지고 있는가?

중요한 점은 단어나 개념을 이해 못 한다는 사실을 아는 것이다. 개념을 이해하지 못할 때는 학급 친구와 대화하거나 관련된 지식을 공부하면서 배경지식을 쌓으면 해결할 수 있다. 단어의 뜻을 이해하지 못할 때는 읽은 곳을 다시 읽으면서 뜻을 추리할 수 있다. 그래도 안 되면 사전을 찾아보거나 친구한테 물어보면 된다. 글을 읽다가 이해가 안 되는 부분이 있어도 아무 생각 없이 그대로 계속 읽어 나가면 안 된다는 사실을 아이가 깨달아야 한다. 그럴 때는 읽기를 멈추고 지금까지 읽어 온 내용을 다시 한번 생각해 보고, 어떤 수정 전략을 활용해야 하는지 따져 보아야 한다.

"지금 어디를 읽고 있지?" (더 이상 이해가 안 될 때는 앞부분을 다시 읽는다.)

"음……." (지금까지 읽은 부분에 대해 생각해 보고 계속 읽을 것인가를 신중하게 결정한다.)

"이런 건 몰랐어!" (배경지식에 새로운 정보를 더하게 될 때.)

"말도 안 돼!" (생각하기를 멈추고 읽었던 부분을 다시 읽는다.)

"가 본 적 있어." (책 속의 내용과 자신의 경험을 연결짓는다.)

"어라?" (이해를 분명히 하기 위해 다시 읽는다.)

"맞아!" (작가의 생각에 동의한다.)

"누가 이야기하는 거지?" (스스로에게 묻고, 다시 읽고 요약한다.)

"그 책하고 똑같아." (읽고 있는 책과 과거에 읽은 책을 연결짓는다.)

"대단하다." (중요한 것을 찾아냈다.)

"이 말 정말 좋아!" (책 읽기를 즐기게 된다.)

"이건 분명히 이런 뜻일 거야." (추리를 하는 중이다.)

"이 사람들은 어디 있는 거지?" (감각 이미지를 떠올린다.)

"이제 내 생각에는……." (새로운 생각을 종합해낸다.)

"전혀 모르겠어." (이해가 안 된다. 친구에게 물어본다.)

엄마 아빠 이렇게 해 주세요

취학 전 단계

어린아이도 이야기를 들으면서 자신이 이해하는지 못 하는지 파악할 줄 안다. 아이가 좋아하는 동화책을 여러분이 잘못 읽어 줄 때 아이가 잘못을 지적하면 칭찬해 주자. 그것은 아이가 귀 기울여 듣는 기술을 쌓아 가고 있다는 뜻이며, 여러분이 마음대로 바꾼 설명을 이해할 수 없다는 뜻이다. 여러분이 일부러 책의 한 부분을 건너뛰었을 때 아이가 이상하다고 지적한다면, 그 역시 칭찬해 준다. 아이가 이야기의 흐름을 잘 따라오고 있다는 뜻이며, 뭔가 이상하다는 것을 알아차렸다는 말이다.

'알았다' 게임을 해 보자. 읽기를 멈추고 지금까지의 줄거리를 요약하는 게임이다. 만약 글이 이해가 안 되면 그렇다고 말하고, 뒤로 돌아가 읽었던 부분을 다시 읽어 준다. 이언 포크너의 『서커스 곡예사 올리비아』를 읽는다면, 동생들의 아침 식사를 챙겨 주고 무채색 교복에 빨간 나비넥타이를 달고 줄무늬 바지를 받쳐 입는 자신감 넘치는 올리비아의 행동을 따라가기는 쉽다.

이 책을 읽으면 여러분은 이렇게 말할 수 있다. "이 쪽은 알겠어. 올리비아는 하루를 시작하면서 핫케이크를 먹고, 입을 옷을 꺼내고, 킥보드를 타고 학교에 가. 올리비아가 스쿠터를 타고 달릴 때 등에 멘 빨간 배낭이 위아래로 들썩이는 게 눈에 떠오르지 않니? 학교에 간 올리비아는 친구들 앞에서 방학을 어떻게 지냈는가에 대해 발표해. 그 부분에서 조금 혼란스러워졌어. 들어 봐. '저번에 엄마랑 이언이랑 나랑 셋이서 서커스를 보러 갔어요'라는 말로 올리비아는 이야기를 시작해. '윌리엄은 낮잠을 자야 해서 같이 못 갔어요. 우리가 도착했을 때, 서커스 극단 단원들은 모두 귀가 아프다고 안 나왔어요.'"

이제 여러분은 이상하다는 표정을 지어 보이며 다시 이렇게 말한다. "서커스 단원이 없으면 서커스를 어떻게 하지? 계속 읽으면서 어떻게 되는지 살펴보자."

지금 여러분은 중요한 수정 전략을 사용했다. 계속 읽을 것인가, 말 것인가를 신중히 결정한 것이다. 이제 올리비아의 상상력이 살아나 사자를 길들이고 외줄 타기를 하는 내용을 읽게 되면 이야기가 어떻게 전개되는지 알 수 있을 것이다.

나중에 올리비아의 선생님이 질문하고 올리비아가 "내 기억에 의하면"이라고 하면서 모두 다 사실이라고 말할 때, 여러분은 다시 혼란스러워질 수 있다. "잠깐만, 이 부분을 이해 못 하겠어. 진짜 방학 때 있었던 일이라고 말하는 게 무슨 뜻인 것 같아?"

그러면 아이는 이렇게 대답할 수 있다. "올리비아는 사실인 척하는 거야, 엄마, 올리비아가 정말로 외줄 타기를 하거나 외바퀴 자전거를 탔을 리 없지만, 그 부분이 제일 재미있어. 그러니까 다시 한번 읽어 보자!"

'알았다' 놀이를 할 때는 느긋한 목소리로 해야 한다. 추측한 내용을 바꾸거나, 배경지식을 떠올리거나, 혼란스러운 부분을 다시 읽거나, 계속 읽어 나갈 때 즐거운 마음으로 웃으면서 하자. 지금 여러분은 아이한테 글을 이해하는 법을 가르쳐 주고 있다는 것을 잊지 말자.

·수정 전략을 활용하는 데 도움이 되는 책·

그림책

미움 | 조원희 | 만만한책방
팥죽 할멈과 호랑이 | 서정오 | 보리
빨간 벽 | 브리타 테켄트럽 | 봄봄
슈퍼 거북 | 유설화 | 책읽는곰

동화책

또야 너구리가 기운 바지를 입었어요 | 권정생 | 우리교육
싸움닭 치리 | 신이림 | 바람의아이들
생명이 들려준 이야기 | 위기철 | 사계절
나쁜 어린이 표 | 황선미 | 이마주
날아라, 짤뚝이 | 안미란 | 사계절

저학년 단계

이 단계의 아이들은 계속 이어지는 글자를 읽고 뜻을 이해할 줄 안다. 하지만 익숙하지 않은 단어가 나오면 글에 대한 이해가 막힐 수 있다. 이런 아이들한테는 낯선 단어의 뜻을 찾는 법이 절대적으로 필요하다.

마리사 모스의 『레지나의 큰 실수Regina's Big Mistake』라는 책을 읽는다고 가정해 보자. 여러분은 표지의 그림과 제목을 보면서 레지나가 어떤 실수를 저질렀을지 추측하게 될 것이다. 여러분이 먼저 책을 소리 내어 읽는다. "모두 정글이나 열대 우림을 그리기로 되어 있었다. 레지나도 마찬가지였다."

그다음에는 아이가 책을 읽는다. "레지나는 정글의 꽃을 그리기 시작했다. 레지나는 꽃잎 하나를 그리고 또 하나를 그렸다."

아이는 모든 글자를 소리 내어 읽을 줄은 알지만 '꽃잎'이라는 단어의 뜻을 이해하지 못할 수도 있다. 이때 여러분은 아이가 자연스럽게 계속 읽을 수 있도록 단어의 뜻을 가르쳐 줄 수도 있지만, 글을 읽다가 모르는 단어가 나왔을 때 어떻게 대처할지 본보기를 보여 줄 수도 있다. 나중에 아이가 스스로 단어의 뜻을 찾을 수 있도록 하려면 다음과 같이 말하면 된다. "어려운 단어가 나왔구나. 함께 그림을 보고, 그 단어가 나올 때 '음'이라고 읽고 단어의 뜻을 생각해 보자. 그러다 보면 뜻을 알 수 있을지도 몰라. '레지나는 음, 하나를 그리고 또 하나를 그렸다.' 자, 어떤 말을 써야 뜻이 통할까?"

이 정도면 '꽃잎'의 뜻을 알 수 있는 충분한 실마리를 제공한 셈이 된다. 하지만 그래도 아이가 뜻을 알아내지 못하면 어떻게 해야 할까?

그러면 여러분은 이렇게 말할 수 있다. "지금까지 어떤 일이 있었는지 생각해 보자. 우리는 레지나가 무언가를 그리는 데 문제가 생겼다는 것을 알았어. 이쪽을 보면 레지나는 종이에 선을 그리고 있어. 지금 레지나는 꽃을 그리고 있어. 꽃을 떠올리니까 '꽃잎'이라는 단어가 무엇을 뜻하는지 추리할 수 있을 것 같아. '꽃잎'이라는 단어가 이 글에 잘 어울리는 것 같니?"

지금 여러분은 아이에게 새로운 단어의 뜻을 찾아내기 위해 필요한 수정 전략을 직접 보여 준 것이다.

> 능동적인 독자가 된다는 것은?
> 자신의 머릿속에 떠오르는 목소리를 이용한다. …… 질문이 떠오르면 대답을 찾는다. 머릿속에 감각 이미지를 계속 떠올리면서 목소리가 떠들게 하자. 내가 제대로 이해하고 있을까? 잘못 이해하는 것은 아닐까? 질문과 자신의 의견, 궁금한 점, 머리를 스치는 생각까지 모두 적는다. 중요하다고 생각되는 부분이 나오면 표시하고, 그것에 대해 질문하고, 관련된 지식이나 경험을 떠올려 본다. 이런 조언들이 효과를 발휘하면 나한테 고맙다고 하지 말고 여러분의 머릿속에서 떠드는 목소리에 고맙다고 해야 한다.
> – 어느 초등학교 5학년 학생

고학년 단계

샤론 크리치의 『두 개의 달 위를 걷다』는 모든 사고 전략을 활용할 수 있는 가슴 따뜻한 작품이다. 하나의 장에서 다음 장으로 넘어가면서 질문이 떠오르고, 머릿속에 이야기의 장면을 떠올리고, 추측하고, 중요한 것을 적고, 지금까지 어떤 일이 일어났는지 다시 생각해 보고, 이해가 되지 않은 부분이 어디인지 알게 될 것이다. 그러면 열세 살 난 꼬마 샐(살라망카의 애칭—옮긴이)이 화자로 등장하는 문단을 잠깐 살펴보자.

> 엄마가 다시는 돌아오지 않을 거라는 나쁜 소식이 날아든 그날 밤에도 아빠는 끌과 망치로 계속해서 벽을 두드려 댔다. 그리고 새벽 2시에 아빠가 내 방에 들어왔다. 나는 자지 않고 있었다. 아빠는 나를 아래층으로 데리고 가 아빠가 찾아낸 것을 보여 주었다. 벽난로였다. 벽돌로 된 벽난로가 회벽 뒤에 감춰져 있었던 것이다.
> 내가 피비의 이야기를 하면서 회벽 뒤에 감춰진 벽난로를 얘기하는 것은 피비의 이야기 뒤에도 또 하나의 다른 이야기, 바로 나와 엄마에 대한 이야기가 숨어 있었기 때문이다.
>
> - 샤론 크리치, 『두 개의 달 위를 걷다』 (비룡소, 2009)

이 글을 읽으면 여러분은 이렇게 말할 수 있다. "혼란스럽네. 샐의 어머니가 왜 집에 돌아오지 않았는지 궁금해. 샐의 아버지는 굉장히 흥분해서 벽을 부쉈을 거야. 샐의 아버지가 화가 났을지 슬펐을지 궁금해. 그리고 피비의 이야기가 무엇에 대한 것인지도 궁금해. 샐의 이야기가 피비의 이야기 속에 숨어 있다는 것이 무슨 뜻인지 모르겠어." 이런 질문들이 떠오르면 앞으로 나올 세부 사항에 좀 더 관심을 기울이면서 책을 읽을 것이다. 그리고 이런 질문이 떠오른다는 것을 아이한테 이야기하면 호기심이 더욱 커져 책에 깊이 빠져들 것이다.

과거에서 탈출하기 위해 샐과 아버지는 가족이 있는 켄터키에서 이사를 가지만, 이야기가 계속 전개되는 오하이오주 유클리드로 가도 슬픈 기억은 잊히지 않는다. 그리고 이해할 수 없는 일이 벌어지기 시작한다. 정신병을 일으킬 수 있는 사람이 도망치는 사건도 벌어진다. 닭장처럼 늘어선 집들 사이에 있는 샐의 새집을 떠올리면 그 아이가 새로 겪게 될 삶이 어떨지 상상할 수 있을 것이다.

질문을 떠올리고 감각 이미지를 떠올리면서 아이와 함께 지금까지 어떤 일이 벌어졌는지 다시 생각해 보면 글에 대한 이해력이 높아지고 앞으로 어떤 일이 벌어질 것인지 더욱 쉽게 추리할 수 있다.

읽고 있던 『두 개의 달 위를 걷다』를 그만 읽어야 한다고 하자. 몇 주 후에 다시 이 책을 집어 들면 그때까지 읽었던 부분들을 다시 한번 떠올려 보아야 한다. 아이한테 책을 다시 읽기 위해 전에 읽었던 부분을 요약하는 시범을 보여 주자. 이렇게 하면 된다. "이 책에서 두 가지 이야기가 이어졌던 것이 기억날 거야. 샐은 할아버지한테 피비의 엄마가 없어진 이야기를 하고 있어. 그리고 동시에 샐이 자신의 엄마를 찾기 위해 할아버지, 할머니와 함께 모험하는 이야기도 펼쳐지고 있지. 그리고 피비의 집 현관에 계속 메모가 붙어 있었는데, 마지막에 붙어 있었던 메모에 뭐라고 쓰여 있었는지 기억이 나지 않아. 한번 살펴보자."

그리고 마지막에 읽었던 부분을 다시 읽는다.

집으로 가는 길에 나는 그날 받은 쪽지 생각을 했다. 인생에 그 일이 그리 중요한가? 그 말을 몇 번이고 되뇌었다. 쪽지를 받자마자 피비가 그 말을 썩먹

제7장 | 책의 내용을 좀 더 깊게 이해하기 253

을 상황이 벌어진 것이 신기했다. 쪽지를 보낸 사람이 누굴까 생각하다가 곧 우리들 인생에서 어떤 일들이 중요하지 않을까 하고 따져 보았다. 치어리더 오디션이나 신발이 꼭 맞는 것 따위는 중요하지 않다는 생각이 들었다. 그렇다면 엄마한테 소리를 지르는 것은 어떨까? 확실한 정답은 나도 몰랐다. 하지만 한 가지 분명한 것은, 엄마가 떠나 버린 경우 그것은 인생의 매우 중요한 문제로 남는다는 사실이었다.

- 샤론 크리치, 『두 개의 달 위를 걷다』

> 읽기는 소리 없는 대화다
> 　　　　　　 - 월터 새비지 랜더

책의 내용을 다시 생각하면서 아이는 이렇게 말할 수 있다. "피비는 모든 것을 두려워해. 하지만 진짜로 문제가 생긴 것은 샐이야. 그리고 그게 진짜로 중요한 거야."

여러분과 아이는 지난번에 읽던 부분까지 내용을 요약하고, 마지막 부분을 다시 읽어서 책의 내용을 새롭게 떠올렸다. 이제는 다시 책으로 돌아가 마지막까지 읽어 나가면 된다.

생각하면서 책을 읽기 위해서는 의미를 찾는 과정에서 자신이 머릿속으로 무엇을 생각하는지 알아야 한다. 다시 말해, 읽기를 시작하기 전부터 머리가 생각하기 시작해야 하고, 읽는 도중에도 책의 내용에 대해 계속 이해해야 하며, 이해가 안 될 때는 다시 이해할 방법을 알고 있어야 한다. 학생들이 스스로 이렇게 하면 책 읽는 데 재미를 붙이고 자기 힘으로 책을 이해할 수 있다.

실습 시간

흔히 교사들은 학생의 독서 능력이 향상된 것을 얼마나 글자를 잘 읽느냐로 확인한다. 글을 얼마나 잘 파악했는지 확인할 때도 큰 소리로 읽게 하고 읽은 내용을 말하게 해서, 그 결과를 독서 능력을 판단하는 데 반영한다. 하지만 그것만으로는 부족하다. 제대로 독서 능력을 판단하려면 읽은 내용에 대해 어떻게 생각하는지도 확인해야 한다. 즉, 학생이 글을 읽고 난 후 이해했느냐 못했느냐를 확인해야 하는 것이다. 다음은 크리스가 초등학교 1학년 학생들을 대상으로 독서 능력을 살펴본 과정에 대한 기록이다.

초등학교 1학년 학생들을 살펴본 결과, 나는 아이들의 읽기 속도는 빨라졌지만 시간을 들여 생각하는 아이는 별로 없다는 것을 깨달았다. 아이들은 그저 빨리 읽겠다는 생각에 중요한 정보를 놓치고 있었다. 나는 아이들의 읽는 속도를 늦추고 글자만 읽어서는 충분하지 않다는 것을 가르쳐 주어야 했다. 아이들은 글자에 담긴 뜻을 이해하는 기술이 부족했다.

나는 읽기, 멈추고 생각하기, 계속 읽기라는 세 항목으로 나눈 커다란 종이를 벽에 붙였다. 아이들이 교실에 모였다. 나는 아이들 중에서 서기를 정한 다음, 그 아이한테 펜을 주고 내 생각을 적어 달라고 부탁했다.

"여러분 모두 배경지식을 이용해 읽고 있는 것을 잘 이해했어요. 오늘은 글을 이해하기 위해 해야 할 또 다른 일에 대해 가르쳐 줄게요. 좋은 독자는 글을 읽을 때 생각을 해요. 그래서 자신이 읽고 있는 글을 이해할 때와 이해하지 못할 때를 구분할 줄 알아요. 그리고 좋은 독자는 글을 이해하지 못할 때 다시 이해할 수 있는 방법을 활용해요.

그러면 어떻게 하는지, 시범을 보일게요. 서기가 내 생각의 흐름을 종이에 옮겨 적을 거예요. 서기는 내가 다시 읽거나, 멈추고 생각을 하거나, 계속 읽어 나갈 때마다 표시할 거예요. 내가 하는 것을 서기가 몇 번 정도는 놓쳐도 괜찮아요. 여러분은 재미있게 이야기를 들으면서, 내가 글자를 읽고 그림만 보는 것이 아니라 생각도 한다는 것을 살펴보기만 하면 돼요.

이 책은 카렌 린 윌리엄스가 쓴 『길리모토Gilimoto』이고, 지금 나는 책의 표지 그림을 본 다음 멈춰서 생각해요. 길리모토가 마을 이름일까, 뭔가를 만들고 있는 것 같은 이 소년의 이름일까, 아니면 이 소년이 만들고 있는 것의 이름일까? 책을 계속 읽어야 그 답을 알 수 있을 것 같네."

서기를 맡은 아이는 '멈추고 생각하기'와 '계속 읽기' 밑에 계속 표시했다. 책을 읽고 생각하는 과정에서 나는 한두 쪽마다 혼란스러울 때는 '읽기를 멈추고', '읽었던 부분을 다시 읽고', 확인을 하기 위해 '계속 읽어 나가는' 시범을 보였는데, 그중에서 '멈추고 생각하기'를 가장 많이 했다. 나는 읽기를 멈추고 생각할 때는 내 머릿속에 떠오른 질문, 글의 내용 중에서 내가 이미 알고 있는 것과 관련 있는 것을 읽으면서 내가 알고 있는 내용과 내가 알고 있는 것끼리 연결지은 것, 나 혼자서 예측한 것에 대해 아이들에게 말해 주었다. 이야기가 끝날 때쯤 내 생각이 대부분 기록되었는데, '멈추고 생각하기' 밑에 제일 많은 표시가 되어 있었다.

그 후 몇 주 동안 아이들은 읽기를 멈춘 부분을 접착 메모지로 표시하면서 그 전까지 읽은 부분을 다시 떠올리는 연습을 했다. 그리고 표시한 부분을 친구들과 함께 토론했다.

또 다른 시간에 아이들은 생각의 흐름을 종이에 기록했다. 내가 읽기를 멈추고 생각을 말로 표현할 때 아이들도 자신이 이해한 것과 혼란스럽게 여긴 것을 종이에 옮겨 적었다. 날마다 학생들은 '이해하지 못할 때는 어떻게 하는가?'라고 이름 붙인 도표에 좋은 방법들을 채워 넣었다. 이 도표는 능동적인 독자의 자세가 무엇인지를 잘 보여 주었다.

우리는 발표 시간에 글을 이해했을 때 어떤 말을 하게 되고 어떤 생각이 드는지, 그리고 그 반대의 순간에는 어떤 말과 행동을 하는지에 대해 이야기를 나눴다. 이해의 흐름이 끊겼을 때 어떻게 했는지 친구들한테 말함으로써, 아이들은 자신이 이해하지 못하는 순간을 알아차리고

- 글을 읽을 때 이해가 안 되는 순간을 알아차려야 한다.

- 글을 이해할 수 있을 때와 이해할 수 없을 때를 알아차리는 것은 독자가 할 일이다.

- 글을 읽을 때 머릿속에 이미지가 떠오르지 않으면 자기가 읽고 있는 것을 말로 설명할 수 없고, 질문이나 추측도 할 수 없고, 연결 고리도 찾을 수 없고, 새로운 것을 배울 수도 없고, 재미도 없다. 이럴 때는 수정 전략을 활용해야 한다.

- 읽고 있는 글에 대해 질문하고 추측할 수 있는가를 계속 생각하는 것이 중요하다.

- 좋은 독자는 더 이상 이해할 수 없을 때 읽기를 멈추고, 지금까지의 내용을 다시 생각해 보고 어떻게 하면 다시 이해할 수 있을지 궁리한다.

수정 전략은 다음과 같다.

- 다시 읽는다.
- 계속 읽어 나간다.
- 새로운 질문을 해본다.

- 추리한다.
- 예측한다.
- 모르는 단어의 뜻을 찾는다.
- 외부의 도움을 구한다.
- 읽기를 멈추고 생각한다.
- 글의 내용과 배경지식을 연결짓는다.
- 감각 이미지를 떠올려 본다.
- 문장 구조를 살핀다.
- 그림이나 사진을 보거나 지면 배치를 살핀다.
- 작가의 메모를 읽는다.
- 혼란스러운 부분을 정리하여 글로 적어 본다.
- 정신을 집중해서 그 부분이 전하려는 메시지를 생각해 본다.
- 이것을 읽게 된 처음 목적을 생각한다.

그럴 때 어떻게 해야 하는지 알게 되었다. 즉, 책에 집중하는 것이 얼마나 중요한지 차츰 인식하게 된 것이다.

학생들이 의미를 잘 찾아가고 있는지 확인하기 위해 다음과 같은 질문이 도움이 된다.

- 모르는 단어가 나왔구나. 이 단어의 뜻을 찾기 위해 지금까지 어떻게 했니? 그래, 잘했어. 이 문장 안에서 문맥이 맞는 뜻을 생각해 보았구나.
- 어느 부분에서 이해의 흐름이 끊겼니? 이해하지 못한다는 것을 어떻게 알게 되었니? 다시 이해하기 위해서 어떻게 했니?
- 접착 메모지로 이 부분을 표시했구나. 그렇다는 것은 이 부분에서 읽기를 멈추고 생각했다는 뜻이겠지. 이 글을 읽고 난 후 너의 생각을 말해 보렴. 잘했어. 네가 직접 한 경험에 대해 생각했구나. 그리고 그 경험 덕분에 이 부분을 이해할 수 있게 되었구나.
- 이 문단을 완벽하게 읽었구나. 방금 읽은 내용 중에서 기억나는 것은 무엇이니? 나도 가끔은 그런 일을 겪을 때가 있어. 입으로 글자는 읽었는데 머릿속으로는 아무 생각도 안 떠오를 때가 있단다. 이 글에서 의미를 찾아내려면 어떻게 해야 할까?
- 너는 이 부분이 혼란스러운 것 같구나. 이해의 흐름이 끊겼다는 사실을 깨닫는 것은 대단한 일이야. 이 단어의 뜻을 몰라서 혼란스러운 거니, 아니면 어떤 일이 벌어지는지 몰라서 혼란스러운 거니?
- 잘했어. 이해의 흐름이 끊어진 곳으로 돌아가 읽었던 부분을 다시

읽었구나. 아까는 이해하지 못했던 것 중에 이제는 이해된 것이 있니? 다음에는 어떤 일이 벌어질 것 같아?

- 이해의 흐름이 끊어졌을 때 활용할 수 있는 수정 전략에 대해서 이야기했어. 수정 전략을 활용하니까 효과가 있었니? 여기서 벌어지는 일에 대한 이미지를 머릿속에 떠올리면 된다고 생각했는데, 그 이미지가 잘 떠오르질 않는구나. 머릿속의 영화가 꺼진 것을 알아차렸다니 대단해. 왜 머릿속의 영화가 꺼졌다고 생각하니? 내 생각에 이 단어의 뜻을 알아내면 다시 떠오를 것 같구나.

- 책을 계속 읽어 가야겠다고 신중히 생각하는 것만으로도 혼란스러운 것이 해결될 때가 있어. 네 머리에 떠오른 질문을 내게 말해 보렴. 잘했어. 그 질문을 머릿속에 넣어 둔 채로 책을 계속 읽어 나가면 끊어진 이해의 흐름을 다시 이을 수 있을 거야.

- 방금 읽은 내용을 이해하는지 아닌지 어떻게 알 수 있지? 이해의 흐름을 계속 이어 가는 방법으로 지금까지 책에서 어떤 일이 일어났는지 자신에게 이야기하는 방법이 있어. 중요한 요점을 떠올려 보고 그것이 자신에게 의미가 있는지 생각해 보는 거야. 이 방법이 너한테 효과가 있었는지 학급 친구들한테 이야기해 줄 수 있겠니?

- 너의 생각을 이야기할 때 너는 지금까지 읽은 내용을 요약해서 말하고 네가 찾아낸 이 글의 의미를 이야기했어. 잘했어. 이런 방법을 알면 앞으로 글을 이해하는 데 더 많은 도움이 될 거야.

- 이 수업을 안 들은 사람한테 글의 의미를 찾고 끊어진 이해의 흐름을 다시 잇는 데 필요한 수정 전략을 어떻게 설명해 줄 수 있겠니?

- 학부모에게 어려운 읽을거리를 나눠 준다. 학부모들이 어려운 글을 읽으면서 이해하지 못하는 부분을 어떻게 해결했는지, 그 방법을 발표하게 한다. 학부모들이 끊어진 이해의 흐름을 다시 잇기 위해 사용한 수정 전략을 도표로 만든다.
- 모르는 단어가 있을 때 어떻게 하는가에 대한 조언을 구하는 가정 통신문을 보낸다. 여기에 대한 답으로는 시간을 들여 생각한다, 읽었던 부분을 다시 읽어 본다, 큰소리로 읽는다, 등을 들 수 있다. 독창적인 답을 끌어내 보자!
- 학생들을 통해 부모가 직장에서 일을 하다가 상황을 이해하지 못할 때 어떤 방법을 쓰는지 조사한다. 목수는 상황을 이해하지 못할 때 어떤 방법을 쓰는가? 엔지니어는 분쟁을 조정할 때 어떻게 할까? 의사는 어떤가? 일반적인 문제 해결 방법을 알아보자.

제 8 장

눈에 보이는 요소와 보이지 않는 요소

독자는 글에 생명을 불어넣고 머릿속으로 자신이 읽고 있는 글과 이미 알고 있는 지식을 연결한다. 그의 시선은 앞으로 계속 나아가기도 하고 뒤로 돌아가기도 한다. 그는 멈췄다가 다시 앞으로 나아가기도 하고, 글 속의 의미를 자신의 경험이나 예전에 읽은 책과 연결할 수 있도록 기억을 더듬기도 한다. 또 지식을 쌓기도 하고, 이해하기도 하고, 혼란스러워하기도 한다.

- 마거릿 미크

읽기는 초콜릿 칩 쿠키를 만드는 것과 같다. 밀가루, 버터, 달걀, 설탕, 바닐라 에센스, 초콜릿 칩만 있다고 초콜릿 칩 쿠키가 만들어지는 것이 아니다. 그 모든 재료를 뒤섞고 반죽해야 한다. 밀가루와 버터와 달걀은 '외부 구조'라고 하는 부분을 구성한다. 없어서는 안 되는 재료들이다. 쿠키를 만들려면 밀가루와 버터와 달걀이 꼭 있어야 한다. 하지만 특별한 맛이 있는 것도 아니라서 그것만 가지고는 충분하지 않다. 그것들이 있으면 어떤 쿠키든 만들 수 있지만, 초콜릿 칩 쿠키를 만들 수는 없다. 초콜릿 칩 쿠키를 만들 때는 바닐라 에센스와 초콜릿 칩이 있어야 초콜릿 칩 쿠키만의 특별한 맛을 낼 수 있다. 이 두 재료는 '내부 구조', 즉 '의미'에 해당한다.

읽기도 마찬가지이다. 외부 구조와 내부 구조를 만드는 재료가 따로 있다. 그리고 그 모든 재료가 다 있어야 제대로 글을 이해할 수 있다. 외부 구조와 내부 구조를 몰라도 글을 읽을 수는 있다. 하지만 아이가 글을 읽고 좀 더 제대로 이해하기를 바라는 부모라면 이 장을 주의 깊게 읽기 바란다.

과거에는 글자의 발음만 알면 글을 읽을 줄 아는 것이라고 생각했다. 하지만 오늘날 전문가들은 글을 읽을 줄 안다는 것이 그렇게 단순한 일이 아니라고 주장한다. 제대로 읽으려면 그보다 더 많은 것이 필요하다. 발음 중심의 어학(글자를 소리 내어 읽는 것)은 초콜릿 칩 쿠키에서 밀가루 같은 요소이다. 없어서는 안 되지만, 그것만 가지고는 충분하지 않다.

아이들은 읽기에 필요한 요소를 어느 정도는 학습하지만 전부 다 갖추지 못하는 경우가 훨씬 더 많다. 읽는 속도가 너무 느린 아이가 있는가 하면, 방금 전에 읽은 내용을 기억하지 못하는 아이도 있다. 글자는 빨리 척척 읽는데 막상 그 내용에 대해 질문을 하면 대답하지 못하는 아이도 있다. 이런 아이들은 읽기 반죽의 중요한 재료가 부족하다. 제대로 읽기 위해서는 모든 재료가 골고루 필요하다.

'읽기 반죽'에 꼭 필요한 재료들

'읽기 반죽'에서 외부 구조는 겉으로 보이는 측면을 뜻한다. 아이들은 어떤 글자가 어떤 발음으로 소리 나는지 알아야 한다. 그리고 발음 하나하나를 소리 내지 않고 눈으로 보기만 해도 그 단어의 발음을 떠올릴 줄 알아야 한다. 뿐만 아니라 단어들이 어떻게 연결되어 의미를 만드는지, 문법과 구두점은 어떻게 되는지도 알아야 한다. 철자, 단어, 문장의 차원에서 암호를 해독할 줄 알아야 하는 것이다. 이처럼 읽기의 외부 구조는 단어와 문장을 알아보고, 이해하고, 발음할 줄 아는 것을 뜻한다.

하지만 그런 암호를 해독하는 것이 읽기의 전부는 아니다. 아이들은 문장 속에서 단어의 의미를 파악할 줄 알아야 하고, 배경지식을 활용해서 자신이 읽고 있는 것의 의미를 이해해야 한다. 그리고 읽는 목적에 따라 다르게 읽을 줄도 알아야 한다. 여기서 겉으로 보이지 않는 측면이 필요해진다. 눈에 보이지 않는 측면은 읽기에서 없어서는 안 될 필수 요소이다. 이것이 없으면 글을 이해할 수 없다. 7가지 독서 습관은 글의 의미를 파헤치는 비법이기 때문에 내부 구조와 밀접하게 연결되어 있다.

이런 외부 구조와 내부 구조는 훌륭한 독자가 되기 위해 아이들에게 꼭 필요한 6가지 요소를 제공한다. 아이들은 이 요소들을 정해진 순서대로 배우는 것이 아니다. 아이들은 눈에 보이는 측면과 보이지 않는 측면을 동시에 익힌다.

사실 여러분이 말을 거는 순간부터 아이의 언어 학습은 시작된다. 글자를 배우기 훨씬 전부터 아이는 입으로 전달하는 단어와 문장을 배운다. 혼자서 책을 읽거나 발음 공부를 하기 전부터 복잡한 말도 할 줄 알고, 여러분을 껴안고, 복잡한 지시를 따르고, 긴 이야기도 이해한다. 학교에 가기 전부터 아이는 이 많은 것을 할 줄 안다. 여러분이 아이가 만나는 최초의 선생님으로서 그 모든 것을 가르쳐 주었기 때문이다. 여러분이 아이와 함께 이야기하고, 책을 읽고, 노는 시간은 아이가 나중에 읽기를 할 때 필요한 외부 구조와 내부 구조를 개발하는 데 중요한 밑거름이 된다.

그러나 이 장을 읽으면서 걱정하는 일이 없기를 바란다. 아이를 훌륭한 독자로 만들기 위해 여기에 나오는 모든 내용을 달달 외울 필요는 없다. 제대로 된 읽기를 하는 데 어떤 요소가 필요한지 포괄적으로 알고, 그 요소들이 아이가 책 읽기를 좋아하도록 하는 데 어떤 역할을 하는지만 이해하면 된다. 이제 여러분은 독서가 즐거운 놀이가 되는 법을 배울 것이다. 그리고 문제가 발생할 때 즉시 해결하는 법도 배울 것이다.

여기에서 독서를 즐겁게 만드는 요소들을 차례로 소개할 텐데, 순서와 상관없이 모든 요소가 똑같이 중요하다는 것을 기억하기 바란다. 아이는 글자의 발음을 배우는 동시에 단어의 의미를 배우고, 여러 가지 읽기의 목적을 배우고, 글로 표현되는 벌레나 비행기나 우주에 대해 관심을 가질 것이다. 그 모든 것이 과자 반죽하듯 동시에 골고루 뒤섞여야 한다.

끝으로 아이가 책 읽기를 고통이 아닌 즐거움으로 받아들이도록 사랑이 넘치고, 편안하고, 즐거운 환경을 마련해 주어야 한다. 아이한테 책을 읽어 줄 때, 그리고 아이가 스스로 책을 읽을 때 사고력을 길러 줄 수 있는 7가지 독서 습관을 꼭 활용하기 바란다. 모든 요소를 고루 섞어 제대로 반죽하면 아이는 책 읽기를 좋아하고 자신이 읽는 모든 것을 제대로 이해할 줄 아는 훌륭한 독자로 성장할 것이다.

눈에 보이는 요소들 : 외부 구조

1. 글자, 발음에 대한 지식(소리로 인지하기)

몇 년 전 수전과 그녀의 남편 폴은 아테네로 여행을 갔다. 차를 빌려 타고 지도를 보면서 그들은 시내 어디든 마음대로 다닐 수 있으리라 생각했다. 하지만 영어로 된 지도가 그리스에서는 전혀 쓸모없으리라고는 두 사람은 미처 몰랐다. 거리 표지판은 모두 그리스어로 되어 있어서 도무지 읽을 수 없었다. 쌩쌩 달리는 차들 옆에서 수전과 폴은 아테네 공항으로 가기 위해 어디가 어딘지 알 수 없는 골목을 4시간 동안이나 구불구불 돌아다녔다. 영어 속담 중에 "내게는 그리스어처럼 보인다"라는 말은 전혀 이해하지 못한다는 뜻인데, 그 말 그대로 그리스어로 된 것은 하나도 알아볼 수 없었다. 결국 두 사람은 길가에 차를 세우고 택시를 불렀다. 다행히 택시 기사는 돈은 얼마든지 줄 테니 아테네 공항까지 데려다 달라는 두 사람의 말을 알아들었다.

어른들은 아이가 처음으로 글자를 보았을 때 어떤 느낌이 드는지 전혀 모른다. 여러분은 중국어나 일본어나 아랍어를 할 줄 아는 사람을 보

그림책

찰방찰방 밤을 건너 | 이상교 | 문학동네

오리 돌멩이 오리 | 이안 | 문학동네

닷 발 늘어져라 | 권정생 | 한겨레아이들

꼬부랑 할머니 | 권정생 | 한울림어린이

개구쟁이 ㄱㄴㄷ | 이억배 | 사계절

끼인 날 | 김고은 | 천개의바람

아기 소나무 | 권정생 | 산하

고구마구마 | 사이다 | 반달

이야기 주머니 이야기 | 이억배 | 보림

곰 사냥을 떠나자 | 마이클 로젠 | 시공주니어

면 그 사람이 굉장히 똑똑하다는 생각이 들 것이다. 여러분의 눈에는 중국어나 일본어나 아랍어가 도저히 읽을 수 없는 암호처럼 보이기 때문이다. 하지만 그런 언어를 아는 사람이 그 언어를 읽기 위해 사용하는 방법은 여러분이나 아이가 글자를 읽고 쓰는 데 사용하는 방법과 하나도 다를 게 없다. 그가 중국어나 일본어나 아랍어를 읽을 줄 아는 것은 그 언어의 글자를 배웠기 때문이다. 글을 읽고 이해하는 방법은 어떤 언어든 똑같다.

아테네에서 수전은 그리스어에 대한 지식이 전혀 없었기 때문에 글자를 읽을 수 없었다. 그리스 글자를 읽을 줄 모르는 수전에게 아테네 거리에 있는 도로 표지판은 뜻을 알 수 없는 낙서에 지나지 않았던 것이다.

아이가 글자와 발음의 관계를 배우는 방법으로 글자 쓰기를 들 수 있다. 크리스의 네 살 된 딸 리즈는 집 안 여기저기에 메모를 남겨 두길 좋아한다. 그림책이나 글자놀이 책, 동요집, 과자 상자 등에서 글자와 발음의 관계를 배운 리즈는 발음이 나는 그대로 글자를 적곤 한다. 그래서 남은 파이에는 '머찌 마'라는 메모를 붙여 두고, 정성껏 쌓은 블록에는 '너머뜨리지 마'라는 메모를 붙여 둔다.

글자 쓰기를 통해 리즈는 글자가 어떤 발음을 내는지 확실히 알게 되었다. 그리고 가족이 그 메모에 반응하는 것을 보면서 아이는 글자의 힘도 알았다. 아이가 귀로 들은 글자를 손으로 적어 보는 기회를 많이 가질수록 글자와 발음의 관계를 배우는 데 도움이 된다. 처음에는 그림을 그리고, 그다음에 글자를 쓰고 '자기가 만든' 틀린 글자를 쓰다가, 점차 정확한 글자를 알게 되면서 틀린 글자를 고치는 단계로 옮겨 가게 된다.

읽기에 필요한 요소들

다음의 목록은 『읽기의 상호 교류 모델을 위하여Toward an Interactive Model of Reading』에서 발췌한 것이다.

눈에 보이는 요소들 : 외부 구조

1. 글자 / 발음에 대한 지식(소리로 인지하기)
- 글자 인지하기
- 글자의 발음 인지하기

2. 단어에 대한 지식(눈으로 인지하기)
- '소리 내지 않고' 단어 인지하기
- 빠르게 단어 식별하기

3. 언어의 구조(문장론)
- 귀로 들어서 문장이 바른지 그른지 인지하기
- 바른 문법과 구두법 인지하기

눈에 보이지 않는 요소들 : 내부 구조

4. 단어의 의미 /조합(의미론)
- 다른 문맥 속에 있는 단어들의 의미 이해하기
- 단어와 문장의 숨은 뜻 알기

5. 배경지식(비유)
- 배경지식을 떠올려 이해력 높이기

- 글을 이해하기 위해 배경지식을 쌓을 필요가 있는지 여부를 판단하기

6. 목적에 대한 지식(실용성)
- 글을 읽는 목적 이해하기
- 목적에 따라 달리 읽기

학습을 통해 글자와 발음을 인지하는 것은 글자의 의미를 파헤치는 데 절대적으로 필요한 단계이다. 글자의 발음을 배우기 전까지 아이한테 글자와 글로 쓰인 단어는 아테네 거리의 그리스어 표지판처럼 뜻을 알 수 없는 낙서와 같다. 일단 글자라는 암호를 해독하게 되면 아이는 글자를 읽고 생각을 전달할 수 있다. 그러나 그것만으로 글을 이해하고 즐길 수 있는 것은 아니다. 여기에 읽기의 나머지 요소들이 더해져야 한다.

엄마 아빠 이렇게 해 주세요 : 글자의 발음 익히기 ─────────

- 글자 공부를 할 수 있는 책과 노래를 통해 아이한테 글자를 가르쳐 준다. 그리고 "나는 'ㄱ'으로 시작하는 것을 봤어. 그게 무얼까?"와 같은 말놀이를 한다.
- 아이한테 메모를 쓰게 하고, 쇼핑 목록을 적게 하고, 서랍에 붙일 이름표를 적게 한다. 아이가 자신의 뜻을 글로 표현하면 칭찬해 준다.

- 글자가 크게 쓰인 그림책에서 글자를 손가락으로 하나하나 짚어 각각의 글자에서 어떤 소리가 나는지, 그리고 그 글자들이 서로 어울려 어떤 소리가 나는지 가르쳐 준다.
- 동요, 동시, 이야기를 녹음한 테이프를 들려주면서 아이가 따라서 읽게 한다.
- 글자 하나를 짚어서 아이한테 "이 글자의 첫 번째 발음은 어떤 소리이고 마지막 발음은 어떤 소리일까?"라고 질문한다.

2. 단어에 대한 지식(눈으로 인지하기)

어른들도 모르는 단어가 나오면 글을 읽는 데 어려움을 겪는다. 처음으로 '성유법'과 같은 어려운 단어를 보았을 때 아마도 글을 읽는 속도가 느려지면서 그 단어를 소리 내어 읽었을 것이다. 그리고 사전을 꺼내서 단어의 뜻을 찾아보았을 것이다. 같은 글에 '성유법'이라는 단어가 일곱 번 나왔다면, 일곱 번째에 가서는 읽는 속도를 늦추지 않고도 쉽게 뜻을 이해하며 글을 읽을 것이다. 그 단어가 두세 번만 나와도 입으로 소리를 내지 않고 수월하게 글을 읽게 될 것이다. 단어에 대한 지식이 생겼기 때문이다.

단어에 대한 지식이 있는 상태에서 눈으로 글자를 읽으면 소리를 내어 읽을 때보다 더 빨리 읽을 수 있다. "어머니는 나더러 아침마다 침대를 정리하라고 하셨다"라는 문장을 보자. 이 문장을 다음과 같은 식으로 생각해 보자. "이응, 어, 어. 미음, 어, 머. 니은, 이, 니. 니은, 아,

나……." 이렇게 발음을 하나하나 따로 해야 한다면 정말 성가실 것이다. 그리고 아마 다섯 번째 발음쯤 가면 처음에 발음했던 것은 다 잊어버리고 무슨 뜻인지도 잊어버릴 것이다. 물론 처음에는 하나하나 발음을 따로 떼어서 공부해야 할 시기가 있긴 하지만, 눈으로 보기만 하고도 발음을 알아내는 단계로 빨리 넘어가야 한다. 아이는 눈으로 글자의 발음을 인지할 줄 아는 단계가 되면 본격적으로 읽기에 관심을 갖는다. 많은 글자를 알아보고 발음도 알아서 읽는 속도도 빨라진다. 그리고 모르는 사이에 분량이 긴 책에 도전한다.

단어에 대한 지식은 아기가 걸음마를 시작할 때부터 형성된다. 크리스의 아들 칼은 유치원에 다니는데, 트럭을 좋아한다. 아이한테는 트럭 그림이 많이 실린 그림책이 있다. 아이가 고집을 부려 크리스는 그 책을 수백 번도 넘게 읽어 주었다. 그러는 사이 칼은 그림책에 나온 글자를 알아보고 읽을 줄 알았다. 눈으로 보고 트럭의 이름도 인지할 줄 알게 되었다. 마찬가지로 슈퍼마켓에 갈 때 아이를 쇼핑 카트에 태우고 물건을 하나씩 가리키면서 "우유, 달걀, 기저귀"라고 말해 주면 아이는 일상생활에 필요한 물건 이름을 익힌다. 그러면서 단어에 대한 지식을 쌓아 가는 것이다.

단어에 대한 지식은 잘 읽고 쉽게 읽기 위해 꼭 필요하다. 하지만 글자의 발음과 마찬가지로, 그것만 가지고는 충분하지 않다. 글자를 알아본다고 해서 의미를 풀 수 있는 것은 아니다. 스페인어를 예로 들어 보자. "Si todos los rios son dulces de dónde saca sal el mar?(강물은 단물인데, 바닷물은 어째서 짤까?)"(파블로 네루다의 『질문의 책』 중에서) 여러분은 이 문장의 단어 한두 개를 발음하거나, 단어 모두를 눈으로 읽을 수 있을지도 모른다. 하지만 눈으로 문장을 읽을 수 있어도 스페인어를 모르면 무슨 뜻인지 알 수 없다. 읽기의 외부 구조만 갖춘 아이들이 바로 그런 상태이다. 그 아이들에게는 아직 초콜릿 칩 쿠키에 필요한 '초콜릿 칩'이 없다.

엄마 아빠 이렇게 해 주세요 : 단어에 대한 지식 쌓기 ——————

• 거리 표지판이나 광고판, 식료품점의 상품 안내판처럼 주위에 있는 글자를 가리키면서 읽어 준다.

- 아이가 좋아하는 책을 반복해서 읽어 준다. (아이는 부모가 읽어 주는 소리를 들으면서 어떤 글자에서 어떤 소리가 나는지 보고 글자를 익힌다.)
- 아이에게 주위 물건에 이름표를 붙이게 한다. (예 : 책상, 의자, 문, 벽, 마룻바닥 등)
- "전에 이런 글자를 본 적 있니?"와 같이 물어서 글자를 떠올릴 수 있도록 자극을 준다.

3. 언어의 구조(문장론)

문장론은 단어들이 조합하여 문장을 만드는 방식이다. 말하자면 언어의 건축학인 셈이다. 구두법과 문법, 띄어쓰기는 문장론의 한 부분이며, 단어는 어떻게 조합하느냐에 따라 그 의미가 달라진다. 예를 들어, '아버지가방에들어가신다'라는 문장을 보자. 띄어쓰기를 안 하면 무슨 뜻인지 언뜻 이해가 안 된다. 하지만 '아버지가 방에 들어가신다'라고 띄어쓰기를 하면 문장의 뜻을 이해할 수 있다. 단어와 문장을 연결하고, 띄어 쓰고, 구두점을 어디에 찍느냐에 따라 글의 의미가 많은 영향을 받기 때문에 문장론은 읽기의 외부 구조와 내부 구조를 잇는 다리 역할을 한다고 볼 수 있다.

아이들은 아기일 때부터 주위 사람들이 말하는 것을 듣고 흉내 내면서 문장론을 배우기 시작한다. 수전의 자녀들은 유치원에 다닐 때 아빠가 읽어 주는 『호빗』이나 『사자와 마녀와 옷장』 같은 책을 들으면서 문

그림책

깜박깜박 도깨비 | 권문희 | 사계절

강아지똥 | 권정생 | 길벗어린이

돼지가 아니라고? 왜? | 김은의 | 현암주니어

휙휙 간다 | 권정생 | 국민서관

이모, 공룡 이름 지어 주세요 | 노정임 | 현암주니어

한글 꽃이 피었습니다 | 강병인 | 미래아이

나는 나뭇잎이야 | 안젤로 모칠로 | 현암주니어

동화책

용구 삼촌 | 권정생 | 산하

대단한 실수 | 김주현 | 만만한책방

아무 말 대잔치 | 홍민정 | 좋은책어린이

장론을 배웠다. 아이들은 단어들을 조합하여 만든 복잡한 문장을 귀로 들었다. 그러는 동안 단어들이 어떻게 모여서 이야기를 만들어 가는지도 배웠다. 그리고 그 단어들이 '어떤 소리'를 내는지도 배웠다.

문장론이란 넓게 보면 귀에 의존하는 법칙이다. 귀가 문장의 구조에 익숙해진 상태에서 무언가를 읽거나 들었을 때 그 소리가 바르면 뜻을 이해하게 되는 것이다. 예를 들어, "피자 싫어 나 먹고"라고 말하면 언뜻 말을 이해할 수 없다. 하지만 "나 피자 먹고 싶어"라고 말하면 금세 알아들을 수 있다. 단어를 조합하고, 문법을 활용하고, 구두점을 찍는

것은 글을 듣거나 읽을 때 의미를 이해하도록 하기 위해서다.

바른 문장을 많이 듣고, 동사와 명사가 서로 어떻게 연결되는지 알고, 글을 많이 읽고, 다른 사람들과 대화를 많이 나누고, 좋은 책을 많이 읽으면, 또는 남이 읽어 주는 것을 많이 들으면, 그만큼 문장론을 더 많이 이해하고 문장론을 활용해 뜻을 분명히 전할 수 있다.

엄마 아빠 이렇게 해 주세요 : 문장론에 귀 열기 ─────────

- 아이를 대화에 참여시킨다. 아이는 자신이 말하는 소리를 들어야 한다. 말하고 들으면서 단어를 조합하는 법을 배우게 하자.
- 글자가 없는 그림책을 아이와 함께 보면서 그림 속에서 어떤 일이 벌어지는지에 대해 대화를 나눈다.
- 그림책, 글자가 많은 책, 만화, 시 등 아이가 다양한 책을 접하게 한다.
- 목소리에 감정을 넣어서 책을 읽어 준다.
- "이 단어가 제대로 소리가 났니?"라고 물어본다.

눈에 보이지 않는 요소들 : 내부 구조

목수가 일을 하려면 특별한 도구가 필요하다. 그 도구가 없으면 아무

것도 만들 수 없다. 꼭 필요한 도구와 강한 나무가 있어야 튼튼하고 품질 좋은 가구를 만들 수 있다. 그리고 목수에게 특별한 도구 못지않게 필요한 것이 그 도구를 사용하겠다는 의지다. 도구를 사용하는 데 익숙할수록 목수는 가구를 만들기가 쉬워지고, 가구도 보기 좋고 튼튼하게 만들어질 가능성이 높아진다.

책을 읽을 때도 마찬가지이다. 외부 구조(소리로 인지하기, 눈으로 인지하기, 문장론)는 없어서는 안 될 요소로, 독자는 그 요소들이 있어야 글자를 인식하고 발음할 수 있으며, 그 요소들을 잘 익혀 두어야 언어를 해독할 수 있다. 하지만 그 요소들만 가지고는 글을 완전히 이해하기 어렵다. 글을 제대로 이해하기 위해서는 내부 구조가 필요하다.

학교에 입학할 나이의 아이들은 텅 빈 칠판 같은 존재가 아니다. 사실 그 아이들은 입으로 구사하는 언어는 이미 충분히 익혔다. 그리고 언어에 얼마나 노출되었으며 언어 연습(말하기와 듣기)을 얼마나 하였는가에 따라 내부 구조의 발달 정도가 다양한 상태로 학교에 입학한다.

아이들은 이미 많은 경험을 했다. 그리고 말을 하고, 듣고, 이해하고, 생각하고, 추리하고, 말장난도 하고, 자신의 의사를 남에게 전하는 연습도 했다. 그런 삶의 경험과 주고받는 말이 바로 아이들이 학교로 가지고 오는 '재료'가 된다. 아이들은 글자를 해독하기 위해 필요한 '외부 구조'라는 도구를 익히면서, 그와 동시에 디자인하고, 측정하고, 잘라내고, 이리저리 조합하고, 이어 붙여서 실제적이고 의미 있는 무언가를 만들어 내는 데 필요한 '내부 구조'라는 도구도 익힌다. 재료를 마련하고 도구에 대해 배우고 그 두 가지를 이용하는 법을 배우면서 아이들은 '의미'

라는 놀라운 것을 만들어 낸다.

4. 단어의 의미와 조합(의미론)

수전의 딸 앨리스는 어렸을 때 집 주위를 돌아다니며 "개미들은 내 친구, 바람에 날아갔네"(바른 문장은 "대답은, 내 친구여, 바람에 날아갔네"이다. 'The answers, my friends'라는 부분을 'The ants are my friends'로 잘못 들은 것—옮긴이)라고 노래를 부르며 다녔다. 아이는 남들과 같은 것을 들었지만 전혀 다른 의미를 부여한 것이다.

· 단어의 의미를 이해하는 데 도움이 되는 책 ·

그림책

빼떼기 | 권정생 | 창비

나는 강물처럼 말해요 | 조던 스콧 | 책읽는곰

너에게 주는 말 선물 | 이라일라 | 파스텔하우스

히마가 꿀꺽! | 정현진 | 올리

내가 가장 듣고 싶은 말 | 허은미 | 나는별

호랑이와 곶감 | 위기철 | 국민서관

동화책

한글, 세상을 밝힌 우리글 | 장세현 | 개암나무

학교에 간 사자 | 필리파 피어스 | 논장

밥데기 죽데기 | 권정생 | 바오로딸

학교놀이 | 권정생 | 산하

이처럼 가끔 같은 말이나 문구를 다른 뜻으로 해석해서 혼란이 생길 때가 있다.

1. 눈에 눈이 들어가 눈물이 났다.
2. 말을 타고 달리며 말을 하니 말이 잘 안 들린다.
3. 간밤에 밤을 구워 먹었다.

단어의 의미는 어디에 사용했느냐에 따라 뜻이 달라질 수 있다. 문장의 뜻은 각 단어의 정의와 그 단어들이 문장 속에서 어떻게 사용되었느냐에 따라 결정된다.

엄마 아빠 이렇게 해 주세요 : 단어의 의미 이해하기 ─────────

- 문장에 따라 단어의 뜻이 달라지는 경우(농담도 좋다)에 대해 이야기한다.
- 그림이나 문장 속에 단어의 뜻을 알려 주는 실마리가 있는지 함께 살펴보자.
- 단어의 뜻에 대해 추리해 보고 책을 계속 읽어 나가면서 그 추리가 맞는지 확인해 보자.
- 오래된 옷, 모자 등을 가지고 좋아하는 이야기를 1인 연극으로 꾸며 보게 하자.

- 아이와 함께 독서 토론을 한다. 토론하면서 아이는 자신이 읽은 글에 대한 통찰력을 얻을 수 있다.
- "이 단어의 뜻이 맞는 것 같니?"라거나 "이 단어가 무슨 뜻인 것 같니?"와 같이 생각을 자극할 수 있는 질문을 한다.

5. 배경지식(비유)

배경지식은 글을 읽으면서 머릿속에 떠올리는 모든 삶의 경험을 말한다. 지금까지 읽은 것, 느낀 것, 들은 것, 본 것, 먹어 본 것, 냄새 맡은 것, 만져 본 것, 가 본 곳, 만난 사람이 모두 포함된다.

바닷가에 사는 사람은 『모비딕』을 읽을 때 내륙에 사는 사람과는 다른 느낌을 받을 것이다. 로키산맥에 살아 본 적이 없는 사람은 월리스 스테그너의 『안식각Angle of Repose』을 읽을 때 로키산맥에서 등산을 하고, 래프팅을 하고, 스키를 타 본 적이 있는 사람처럼 책을 이해하기는 힘들 것이다. 그리고 바이올린을 연주할 줄 아는 사람은 비발디의 〈사계〉를 들을 때 그렇지 않은 사람과 다른 느낌을 받을 것이다. 배경지식에 따라 글을 읽을 때 이해하는 정도와 의미를 해석하는 것이 달라진다. 그렇다고 해서 『모비딕』을 제대로 이해하기 위해 고래잡이를 경험해야 한다거나, 〈사계〉를 즐기기 위해 바이올린 연주자가 되어야 한다는 뜻은 아니다. 다만 인생 경험에 따라 읽거나 들을 때의 느낌이나 받아들이는 정도가 달라질 수 있다는 뜻이다.

많은 경우에 배경지식은 과거와 현재를 연결하고, 인간관계나 일, 취

그림책

사소한 꿀벌책 | 김은정 | 한권의책

생태 통로 | 김황 | 논장

사과가 주렁주렁 | 최경숙 | 비룡소

수원 화성 | 김진섭 | 웅진주니어

내가 좋아하는 곡식 | 이성실 | 호박꽃

우리 입맛을 사로잡은 양념 고추 | 바람하늘지기, 노정임 | 철수와영희

동화책

꽃섬 고양이 | 김중미 | 창비

망나니 공주처럼 | 이금이 | 사계절

옹주의 결혼식 | 최나미 | 푸른숲주니어

미, 생각에 깊이를 더하는 연결 고리 역할을 한다. 특히 책 읽기를 할 때 배경지식이 중요한데, 활자화된 단어는 독자가 부여하는 의미에 의해서만 이해할 수 있기 때문이다. 따라서 아이들이 글을 이해하려면 배경지식을 쌓고 이를 활발히 활용하는 과정이 꼭 필요하다.

엄마 아빠 이렇게 해 주세요 : 배경지식을 쌓고 활용하기 ─────────

• 아이가 다양한 경험을 할 수 있는 기회를 마련해 준다. 소풍을 가고, 박물관이나 도서관에 가고, 집 주변을 산책하는 등의 경험을 하면

아이는 독자로서 필요한 다양한 것을 체험할 수 있다.
- 아이가 자신의 관심사에 열정을 가질 수 있게끔 도와준다. 아이가 개구리나 뱀, 동화, 바위 등 특별히 좋아하는 것이 있으면 그런 주제를 다룬 책을 구해서 읽어 준다.
- 아이와 함께 아이의 경험에 대해 이야기하고, 그 경험을 아이가 읽는 책이나 듣고 있는 이야기와 연관지을 수 있도록 이끌어 준다.
- 책을 읽으면서 떠오른 기억을 아이한테 이야기해 준다.
- "이것을 보니까 ……가 생각나네", "…… 때와 똑같은 것 같아" 등 경험과 읽고 있는 글이나 듣고 있는 이야기의 내용을 연관짓도록 유도한다.

6. 목적에 대한 지식(실용성)

2년 전, 수전의 가족은 강에서 래프팅을 했다. 보트를 사고 필요한 장비도 모두 샀다. 그 이후로 수전의 가족은 해마다 1월이 되면 래프팅 신청서를 제출하고, 3월에 한두 번 정도 래프팅을 하도록 허가해 주길 기다린다.

어느 강에서 래프팅을 하게 될지 정해지면, 수전은 래프팅 협회에 가서 강의 지형적 특성과 그 일대의 식물군과 동물군 그리고 제일 중요한 급류의 위치, 위험 정도를 표시한 안내서를 구입한다. 강의 지형과 자연사가 흥미롭긴 하지만, 수전이 강 안내서를 구입하는 목적은 하나다. 어디에 급류가 위치해 있는지, 어떤 급류를 피해야 하고 도전해야 하는지, 전문가들이 추천하는 경로는 어디인지, 그리고 피해야 할 바위와 웅덩이는 어디인지 파악하는 것이 목적이다. 가족이 래프팅을 하지 않는다면 수전은 강 안내서를 구입하지 않을 것이다. 강 안내서를 사는 것은 가족이 안전하게 래프팅을 할 수 있도록 하기 위한 매우 실용적인 목적에서이다.

요리책, 응급구조 설명서, 게임 설명서, 컴퓨터 매뉴얼, 여행 안내 서, 바느질 도안, 자동차 설명서 등의 책은 오로지 실용적인 목적만을 위해 구입하는 책들이다. 여러분이 직장에서 발표를 하게 되었다고 가정하자. 필요한 자료를 읽고, 발표 개요를 작성하고, 슬라이드를 준비한

> 우리는 ……자아를 강하게 하고 자아가 가진 참된 관심을 알기 위해 책을 읽는다.
> —해럴드 블룸

다음, 발표 연습을 할 것이다. 그리고 목적에 따라 읽는 방식이 달라진다. 손에서 뗄 수 없는 소설을 읽을 때와 발표 준비를 위해 자료를 읽을 때는 읽는 방식이 다르기 마련이다.

『해리 포터』열풍은 읽기의 목적이 얼마나 달라질 수 있는지 잘 보여 준다. 많은 어린이 독자들이 『해리 포터』의 내용에 열광하지만, 한편으로는 '해리 클럽'에 가입하고 싶어 하는 아이들도 많다. 그들은 마법사에 대해 잘 알거나, 마법사에 대해 알고 싶어 한다. 그 클럽의 일원이 되면 『해리 포터』시리즈를 계속해서 읽어야 한다. 클럽에 속한 아이들은 친구들과 함께 해리 포터와 마법사에 대해 이야기하고 싶어 하고, 앞으로 어떤 이야기가 이어질지 이야기하길 바란다. 그 아이들은 해리 포터

와 마법사에 대해 알고 싶다는 매우 실용적인 목적을 위해 『해리 포터』를 읽는다. 그리고 그에 대한 부수적인 반응으로 난생처음 독서에 심취하는 것이다. 해리 포터의 모험을 함께 즐기고 싶다는 목적으로 아이들은 독서에 열중하게 된다. 그리고 독서가 재미있다는 것을 알게 된다.

자신이 왜 그 책을 읽는지 아는 것도 독서의 한 부분이라고 할 수 있다. 책을 읽다 보면 어떤 부분을 건너뛰고 싶을 때도 있고, 전체를 꼼꼼히 읽고 싶을 때도 있고, 재미를 위해 읽을 때도 있고, 숙제나 일을 위해 읽을 때도 있다. 독서의 실용적 측면은 책을 읽는 목적을 알고 그 목적

·함께 토론하기 좋은 책·

그림책

늑대의 선거 | 다비드 칼리 | 다림

마지막 코뿔소 | 니콜라 데이비스 | 행복한그림책

세 가지 질문 | 김연수 | 달리

63일 | 허정윤 | 킨더랜드

준치 가시 | 백석 | 창비

프레드릭 | 레오 리오니 | 시공주니어

동화책

아빠, 소 되다 | 핼리 혜성 | 한림출판사

랑랑별 때때롱 | 권정생 | 보리

양파의 왕따 일기 | 문선이 | 푸른놀이터

장군이네 떡집 | 김리리 | 비룡소

에 따라 책을 읽는 것을 뜻한다.

엄마 아빠 이렇게 해 주세요 : 책을 읽는 목적 생각하기 ───────────

- 책을 읽는 목적이 될 수 있는 것을 모두 떠올려 보자. (게임 방법을 알기 위해, 케이크를 만들기 위해, 여행을 하기 위해, 장난감을 조립하기 위해, 자전거를 고치기 위해, 재미를 위해 등)
- 아이가 왜 책을 읽는지, 재미를 위해 읽는지, 정보를 얻기 위해서인지, 숙제를 하기 위해서인지, 보고서를 쓰기 위해서인지 등을 생각하도록 유도하자.
- 모형 비행기를 만들거나. 인터넷의 정보를 찾거나, 초콜릿 케이크를 만들거나, 독서 모임의 일원이 되기 위해서 등, 특별한 목적을 위해 책을 읽어 보자.
- "나는 ……와 같은 이유로 이 책을 읽어야 해"와 같이 책을 읽는 목적을 생각하도록 자극하는 말을 한다.

맺음말

글을 읽을 줄 아는 사람에게는 자신을 키울 수 있는 힘이 있고 충만하고 뜻깊으며
흥미로운 삶을 살 수 있는 힘이 있다.

- 올더스 헉슬리

　　우리는 여러분의 아이가 글에 굶주린 듯 독서에 매달리기를 바란다.
아이가 책을 들고 그 속에 빠져들어 재미를 찾고 흥미를 키워 가기를
바란다. 그리고 책이 시간과 공간을 뛰어넘어 존재하는 사람과 생각을
이어 주는 친구라는 사실을 깨닫길 바란다. 학교에서 요구하는 책만 읽
는 것이 아니라, 책이 재미와 모험 더불어 풍요롭고 생산적인 삶으로 가
는 지름길임을 깨닫고 평생 책을 가까이하는 독자가 되기를 바란다. 아
이가 독서를 시험지나 단어장, 숙제와 관련된 것으로만 인식한다면 절

대로 독서의 기쁨을 알 수 없다. 하지만 여러분이 책을 읽는 모습을 아이가 보거나, 여러분이 책을 읽는 기쁨을 아이와 함께 나누다 보면 아이는 즐겁고 정신을 풍요롭게 해 주는 독서의 세계로 기꺼이 뛰어들 것이다.

7가지 독서 습관은 아이의 지적 능력을 눈뜨게 해 주고, 글 읽는 힘을 키워 주고, 능동적으로 학습할 수 있도록 이끌어 줄 것이다. 그리고 이야기에 푹 빠지게 하고, 과거와 현재의 사건에 감동하고, 자신의 주변 세계에 관심을 가져 더 나은 친구, 더 나은 사회인이 되도록 이끌어 줄 것이다. 이제 여러분의 아이는 책에서 앞으로 어떤 일이 벌어질지 궁금해 하고, 더 많이 읽고 싶어 하고, 책을 통해 새로운 생각을 얻고 생각의 폭을 넓히고, 글을 이해하고 글의 힘을 알고, 그리하여 더욱 폭넓고 깊이 있는 삶을 사는 사람이 될 것이다. 그렇게 되기 위해서는 의미를 찾으며 읽어야 하고, 생각하면서 읽어야 하고, 깊이 이해해서 그 뜻을 오래 기억할 수 있어야 한다.

이제 여러분의 아이는 글을 읽고 이해할 수 있다. 7가지 독서 습관을 통해 아이가 새로운 세상을 만나고 여러분과 함께 많은 이야기와 관심을 나누고 사랑을 나눌 수 있기를 바란다.

조월례 선생님 추천 도서

감각 이미지를 떠올리는 데 도움이 되는 책

그림책

달빛 조각 | 윤강미 | 창비

장수탕 선녀님 | 백희나 | 책읽는곰

파도야 놀자 | 이수지 | 비룡소

방귀쟁이 며느리 | 신세정 | 사계절

까만 밤에 무슨 일이 일어났을까? | 브루노 무나리 | 비룡소

동화책

아테나와 아레스 | 신현 | 문학과지성사

도야의 초록 리본 | 박상기 | 사계절

책 먹는 여우 | 프란치스카 비어만 | 주니어김영사

어느 작은 사건 | 루쉰 | 두레아이들

세상이 생겨난 이야기 | 김장성 | 사계절

배경지식을 쌓는 데 도움이 되는 책 1

그림책

어서 오세요 만리장성입니다 | 이정록 | 킨더랜드

봄 여름 가을 겨울 | 헬렌 아폰시리 | 이마주

나무늘보가 사는 숲에서 | 아누크 부아로베르 | 보림

괴물들이 사는 궁궐 | 무돌 | 노란돼지

우리 여기 있어요, 동물원 | 허정윤 | 킨더랜드

동화책

책과 노니는 집 | 이영서 | 문학동네

구멍 난 벼루 | 배유안 | 토토북

강을 건너는 아이 | 심진규 | 천개의바람

맞바꾼 회중시계 | 김남중 | 토토북

우리말 모으기 대작전 말모이 | 백혜영 | 푸른숲주니어

 질문을 떠올리는 데 도움이 되는 책

그림책

감정은 무얼 할까? | 티나 오지에비츠 | 비룡소

까막나라에서 온 삽사리 | 정승각 | 초방책방

황소와 도깨비 | 이상 | 다림

금강산 호랑이 | 권정생 | 길벗어린이

헤엄이 | 레오 리오니 | 시공주니어

으리으리한 개집 | 유설화 | 책읽는곰

동화책

참 다행인 하루 | 안미란 | 낮은산

나는 비단길로 간다 | 이현 | 푸른숲주니어

트리갭의 샘물 | 나탈리 배비트 | 대교북스주니어

긴긴밤 | 루리 | 문학동네어린이

 추리를 하는 데 도움이 되는 책

그림책

무무 씨의 달그네 | 고정순 | 달그림

오늘 상회 | 한라경 | 노란상상

짱구네 고추밭 소동 | 권정생 | 길벗어린이

꽁꽁꽁 좀비 | 윤정주 | 책읽는곰

친구의 전설 | 이지은 | 웅진주니어
똘배가 보고 온 달나라 | 권정생 | 창비

동화책
칠칠단의 비밀 | 방정환 | 사계절
고양이 해결사 깜냥1 | 홍민정 | 창비
양순이네 떡집 | 김리리 | 비룡소
토끼와 원숭이 | 마해송 | 여유당
홍길동전 | 서정오 | 보리

중요한 것 찾아내기에 도움이 되는 책

그림책
나는 나비 | 백명식 | 개똥이
임금님의 집 창덕궁 | 최재숙 | 웅진주니어
시애틀 추장의 편지 | 시애틀 추장 | 고인돌

동화책
꽃신 | 김소연 | 파랑새
나비를 잡는 아버지 | 현덕 | 길벗어린이
심청전 | 송언 | 파랑새
마당을 나온 암탉 | 황선미 | 사계절
무기 팔지 마세요! | 위기철 | 현북스

그림책

이상한 엄마 | 백희나 | 책읽는곰

린드버그 하늘을 나는 생쥐 | 토르벤 쿨만 | 책과콩나무

안개 속의 고슴도치 | 세르게이 코즐로프, 유리 노르슈테인 | 고래가숨쉬는도서관

돌멩이 국 | 존 무스 | 달리

우주 택배 | 이수현 | 시공주니어

동화책

나무를 심은 사람 | 장 지오노 | 두레

옹고집전 | 이민희 | 휴머니스트

푸른 사자 와니니 1.2.3 | 이현 | 창비

껌딱지 독립기 | 이주희 | 시공주니어

그림책

미움 | 조원희 | 만만한책방

팥죽 할멈과 호랑이 | 서정오 | 보리

빨간 벽 | 브리타 테켄트럽 | 봄봄

슈퍼 거북 | 유설화 | 책읽는곰

동화책

또야 너구리가 기운 바지를 입었어요 | 권정생 | 우리교육

싸움닭 치리 | 신이림 | 바람의아이들

생명이 들려준 이야기 | 위기철 | 사계절

나쁜 어린이 표 | 황선미 | 이마주

날아라, 짤뚝이 | 안미란 | 사계절

글자의 발음을 익히는 데 도움이 되는 책

그림책

찰방찰방 밤을 건너 | 이상교 | 문학동네

오리 돌멩이 오리 | 이안 | 문학동네

닷 발 늘어져라 | 권정생 | 한겨레아이들

꼬부랑 할머니 | 권정생 | 한울림어린이

개구쟁이 ㄱㄴㄷ | 이억배 | 사계절

끼인 날 | 김고은 | 천개의바람

아기 소나무 | 권정생 | 산하

고구마구마 | 사이다 | 반달

이야기 주머니 이야기 | 이억배 | 보림

곰 사냥을 떠나자 | 마이클 로젠 | 시공주니어

단어에 대한 지식을 쌓는 데 도움이 되는 책

그림책

저는 늑대입니다만 | 럭키 플랫 | 불의여우

도대체 뭐라고 말하지? | 서지원 | 한솔수북

한 번에 뚝딱 깨우치는 세는 말 | 라곰씨 | 라이카미

생각하는 ㄱㄴㄷ | 이지원 | 논장

코끼리가 수놓은 아름다운 한글 | 이한상 | 월천상회

짝꿍 | 박정섭 | 위즈덤하우스

한글이 우수할 수밖에 없는 열두 가지 이유 | 노은주 | 단비어린이

황소 아저씨 | 권정생 | 길벗어린이

문장론을 익히는 데 도움이 되는 책

그림책

깜박깜박 도깨비 | 권문희 | 사계절

강아지똥 | 권정생 | 길벗어린이

돼지가 아니라고? 왜? | 김은의 | 현암주니어

훨훨 간다 | 권정생 | 국민서관

이모, 공룡 이름 지어 주세요 | 노정임 | 현암주니어

한글 꽃이 피었습니다 | 강병인 | 미래아이

나는 나뭇잎이야 | 안젤로 모칠로 | 현암주니어

동화책

용구 삼촌 | 권정생 | 산하

대단한 실수 | 김주현 | 만만한책방

아무 말 대잔치 | 홍민정 | 좋은책어린이

단어의 의미를 이해하는 데 도움이 되는 책

그림책

빼떼기 | 권정생 | 창비

나는 강물처럼 말해요 | 조던 스콧 | 책읽는곰

너에게 주는 말 선물 | 이라일라 | 파스텔하우스

히마가 꿀꺽! | 정현진 | 올리

내가 가장 듣고 싶은 말 | 허은미 | 나는별

호랑이와 곶감 | 위기철 | 국민서관

동화책

한글, 세상을 밝힌 우리글 | 장세현 | 개암나무

학교에 간 사자 | 필리파 피어스 | 논장

밥데기 죽데기 | 권정생 | 바오로딸

학교놀이 | 권정생 | 산하

 배경지식을 쌓는 데 도움이 되는 책 2

그림책

사소한 꿀벌책 | 김은정 | 한권의책

생태 통로 | 김황 | 논장

사과가 주렁주렁 | 최경숙 | 비룡소

수원 화성 | 김진섭 | 웅진주니어

내가 좋아하는 곡식 | 이성실 | 호박꽃

우리 입맛을 사로잡은 양념 고추 | 바람하늘지기, 노정임 | 철수와영희

동화책

꽃섬 고양이 | 김중미 | 창비

망나니 공주처럼 | 이금이 | 사계절

옹주의 결혼식 | 최나미 | 푸른숲주니어

 함께 토론하기 좋은 책

그림책

늑대의 선거 | 다비드 칼리 | 다림

마지막 코뿔소 | 니콜라 데이비스 | 행복한그림책

세 가지 질문 | 김연수 | 달리

63일 | 허정윤 | 킨더랜드
준치 가시 | 백석 | 창비
프레드릭 | 레오 리오니 | 시공주니어

동화책
아빠, 소 되다 | 핼리 혜성 | 한림출판사
랑랑별 때때롱 | 권정생 | 보리
양파의 왕따 일기 | 문선이 | 푸른놀이터
장군이네 떡집 | 김리리 | 비룡소

옮긴이 | 서현정

이화여자대학교를 졸업했으며 명지대학교 사회교육원 번역작가 양성과정을 수료했다. 현재 번역 에이전시 엔터스코리아에서 출판기획 및 전문 번역가로 활동 중이다. 옮긴 책으로는 『토니 부잔 마인드맵 마스터』, 『반드시 전달되는 메시지의 법칙』, 『굿바이 작심삼일』, 『존 그레이 성공의 기술』, 『지금 바로 실행하라 나우』, 『해피엔딩』, 『보디랭귀지』, 『똑똑하게 사랑하라』 등 다수가 있다.

하루 15분 초등 책 읽기의 기적

초판 1쇄 인쇄   2021년 11월 17일
초판 1쇄 발행   2021년 11월 29일

지은이 수전 짐머만, 크리스 허친스
펴낸이 하인숙

기획총괄 김현종
책임편집 한홍
디자인 표지 강수진 본문 페이지엔

펴낸곳 ㈜더블북코리아
출판등록 2009년 4월 13일 제2009-000020호
주소 서울시 양천구 목동서로 77 현대월드타워 1713호
전화 02-2061-0765
팩스 02-2061-0766
포스트 post.naver.com/doublebook
페이스북 www.facebook.com/doublebook1
이메일 doublebook@naver.com

ISBN 979-11-91194-47-0 (03590)